陶藝實踐100個關鍵重點

不可不知道
製作陶器的基礎知識

野田耕一 著

目錄

Chapter 01 「手捏成形篇」

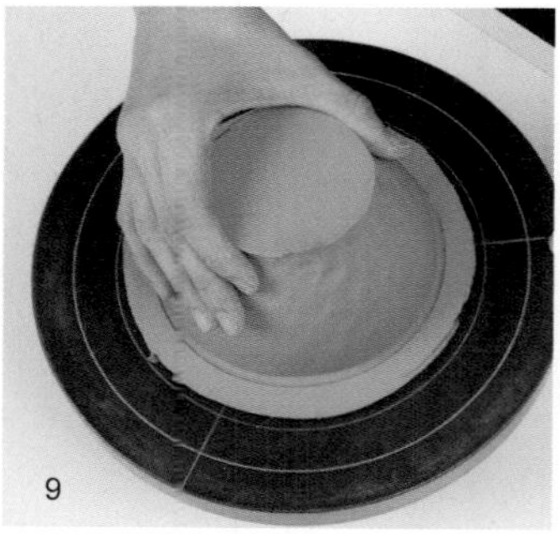
9

7

23

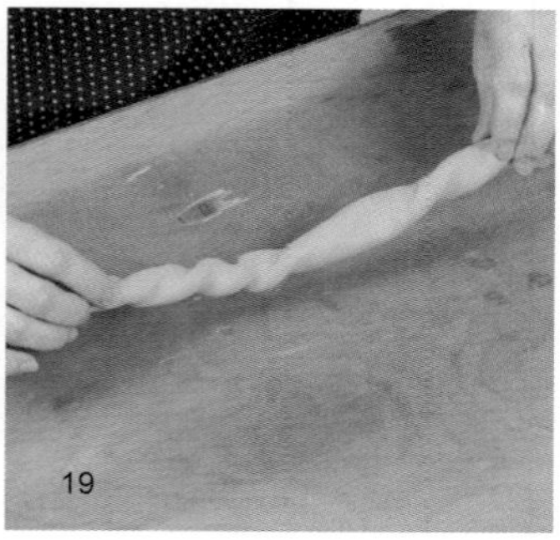
19

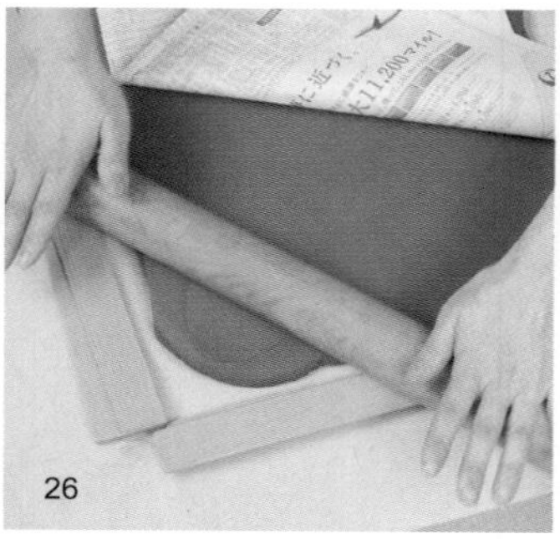
26

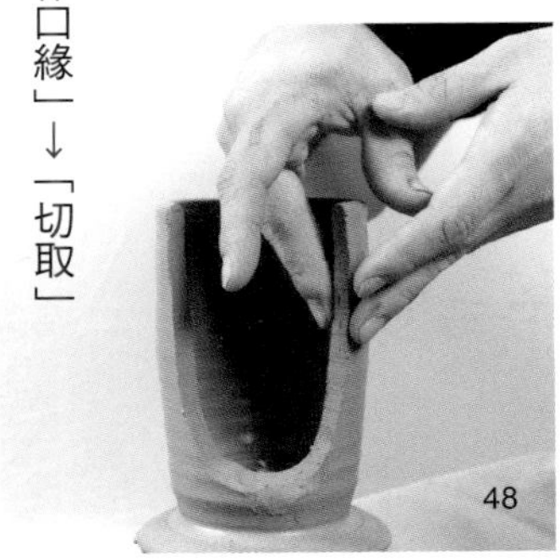
48

33

40

29

34

41

43

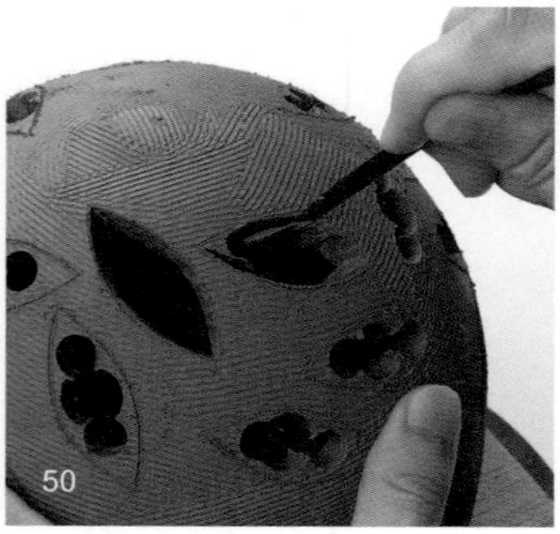
50

64

45

53

68

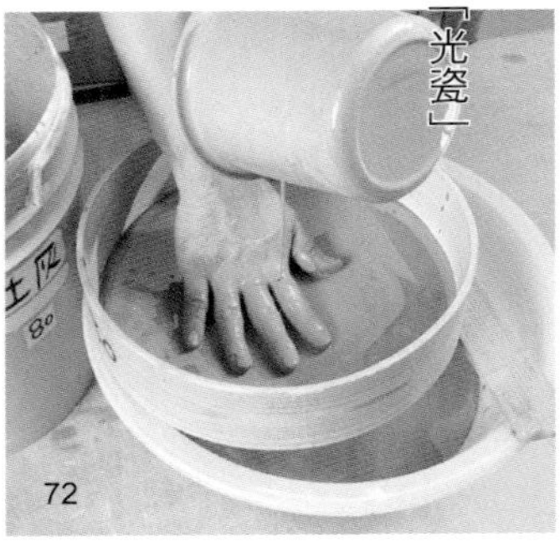
72

78

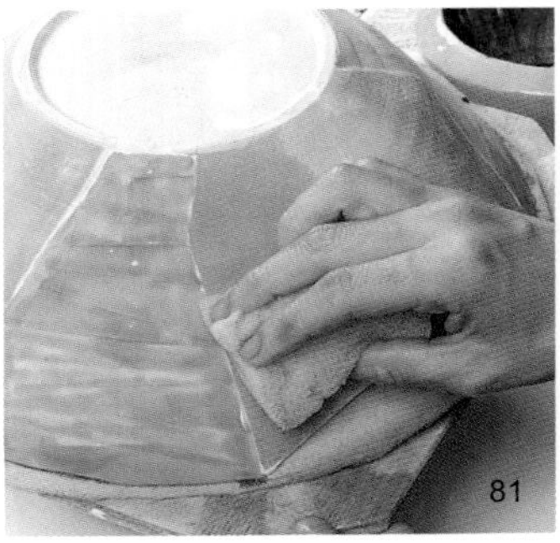
81

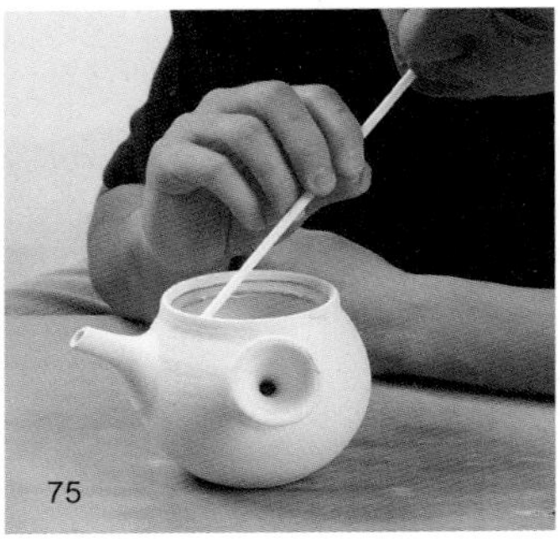
75

77

84

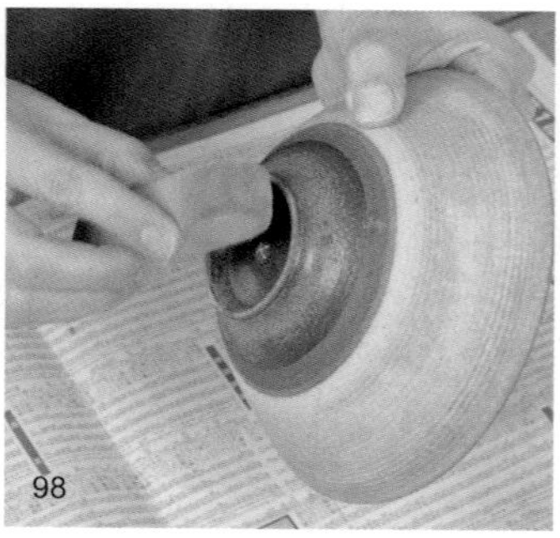
98

93

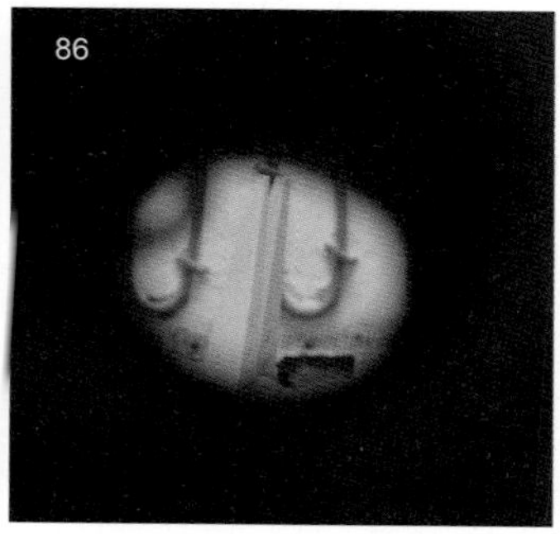
86

100

95

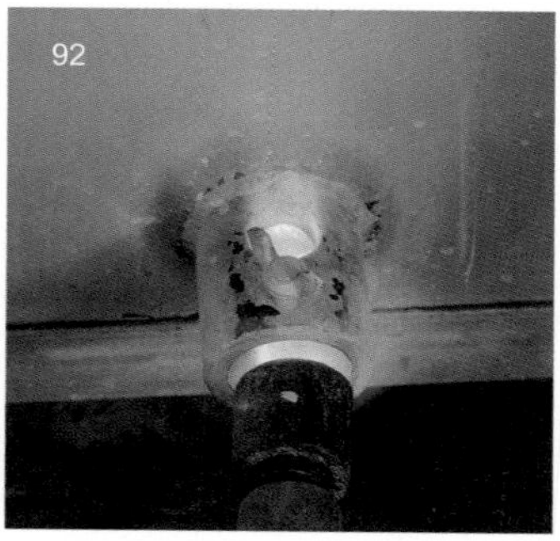
92

Chapter 01 手捏成形篇

1 將「土球成型」與「土條成型」區隔使用，有效率地製作

理解「土球成型」與「土條成型」的特徵

手做成形主要分為用手指一邊揉捏圓形黏土塊一邊製作的「土球成型」，以及一邊堆疊黏土條一邊製作的「土條成型」這兩種成型方法。理解這兩種製作方法的優點與缺點，選擇對想要製作的作品最適當的方法，即為兼具效率及製作出漂亮作品的重點事項。

「土球成型」的特徵

土球成型是適合茶杯及飯碗這類小物塑形的簡單製作方法。適合用來製作多件相同的器物，只要黏土量相同，製作出來的大小就會相同，尺寸容易整齊。

然而，一開始準備的黏土量超過1公斤的話，延展塑形的時候會出現手指無法觸及的部位，變得不易製作，因此不適合尺寸較大的作品。

「土條成型」的特徵

土條成型是製作以土球成型不易製作的中型器物以上大小的作品，或是製作不定形的作品時較為便利的方法。只要改變黏土條的粗細，或是在黏土半乾燥的狀態下製作，也能夠製作較大尺寸作品。

土條成型適合製作較大作品或是不定形的作品

土球成型的缺點

不容易製作深度比手指長的器物

土球成型是用手指將黏土塊揉捏塑形製作，因此不易製作揉捏時手指觸碰不到的尺寸大小的作品。

土球成型的優點

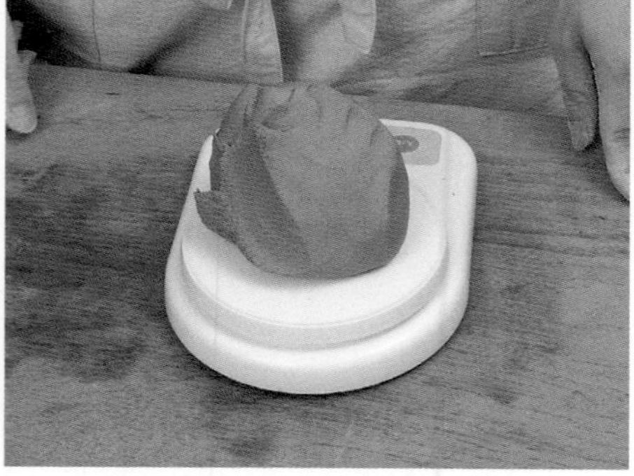

黏土重量相同的話，容易製作尺寸相同的作品

想要製作大小相同的作品時，一開始先量測出相同的黏土重量，較容易製作出相同的尺寸。

不同作品的手捏成型方法

請記住不同作品類型所適合的手捏成型方法吧！（註 1）

作品	成型方法	適合度
小器物（如飯碗、茶杯、小碟等）	土球成型	◎
	土條成型	○

作品	成型方法	適合度
複數的同型小器物（如飯碗、茶杯、小碟等）	土球成型	◎
	土條成型	△

作品	成型方法	適合度
中器物（如丼碗、德利酒器、中盤等）	土球成型	×
	土條成型	◎

作品	成型方法	適合度
大器物（如壺、花器、大盤、大鉢等）	土球成型	×
	土條成型	◎

作品	成型方法	適合度
茶壺本體	土球成型	△
	土條成型	◎
茶壺的組件	土球成型	◎
	土條成型	△

然而，需要增加製作黏土條的工程，因此製作小型器物時，土球成型會比較簡單。此外，土條成型也較不擅長製作多個大小相同的器物。

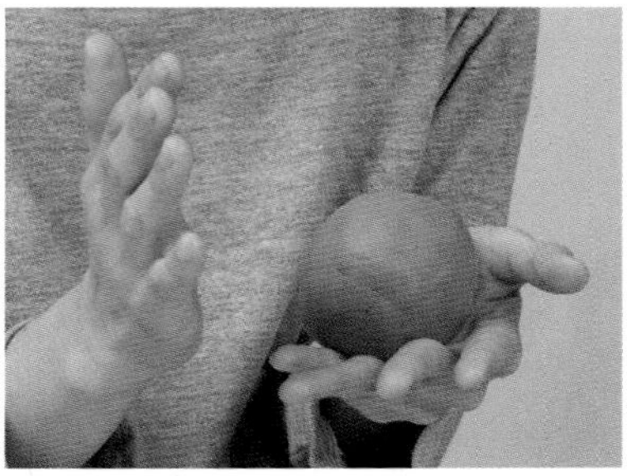

土球成型要先將黏土製作成漂亮的球體

將「土球成型」「土條成型」搭配組合製作

視作品而定，也可以將土球成型與土條成型搭配組合製作。舉例來說，如果是較大的丼碗，可以先以簡單的土球成型製作到腰部附近，然後再以黏土條堆疊至想要的大小。

將土球成型與土條成型搭配組合製作

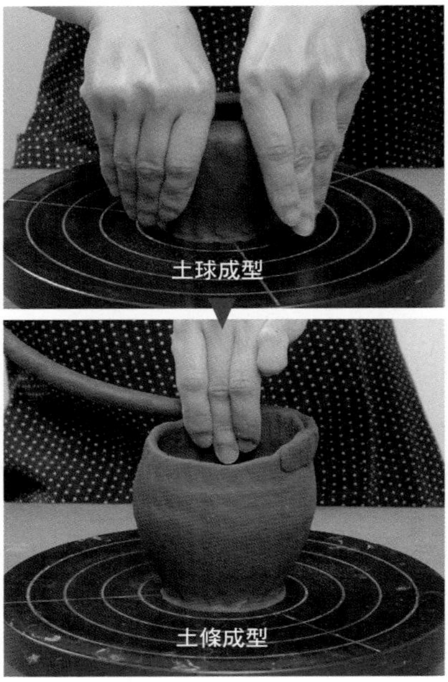

諸如啤酒杯或德利酒器這類，高度較高的作品或是具有膨脹隆起部位的作品，可先以土球成型製作至腰部附近的高度，然後再以土條成型製作增加高度，這樣製作起來會更加容易。此外，較大作品的場合，製作途中先使黏土稍微乾燥後再加土比較不易產生歪斜。

註 1：這裡介紹的方法僅為其中一例。並非一定要使用該種方法來製作。

2 用針刺來確認底面的厚度

底面的厚度是「圈足的高度」+「土坯的厚度」

底面的厚度在熟練後只要看到外觀就能估算出個大概，不過一開始有可能會因為太厚造成過重或太薄造成無法削出圈足等等。簡單確認底面厚度的方法，可以用細針刺入底部，確認埋入長度。如果是製作成一般的圈足，預留約15 mm的厚度即可。

以刺針開孔也許會擔心可能造成漏水問題，但如果是在黏土還沒硬化的時候，只要輕輕地按壓刺出來的孔洞周圍即可將孔洞填埋回去。

然而，底面的厚度會因為想要製作圈足的高度，以及素坯的厚度而有所變化，若想要製作成較高的圈足，或是器物整體較厚時，則需要預先增加一些厚度。

此外，切取底部時，手轆轤或龜板會殘留1～2 mm的黏土，這部分也需要預先考慮進去。

以切割線切取坯體時，會有 1 ～ 2mm 殘留在轉盤上，必須將這部分的損耗考慮進去。

一般以鉋削方式製作圈足的場合，底面的厚度約 15mm

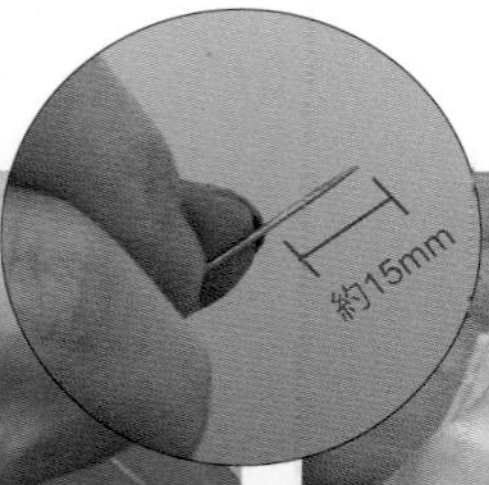

土球成型時

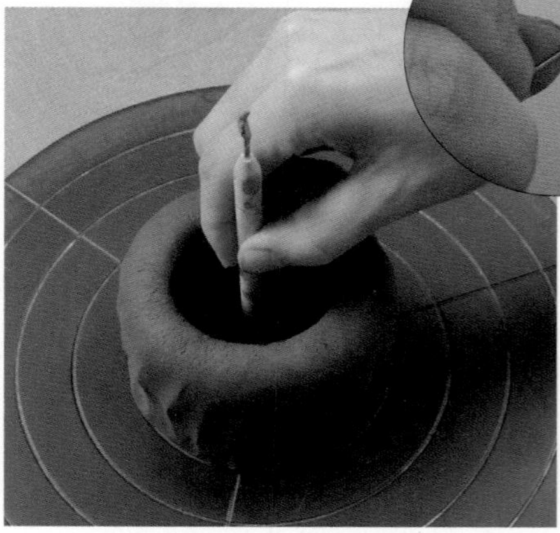

土球成型時，完成中心部位的凹陷加工後，刺針預先確認厚度。之後的成形過程中，注意不要按壓到內底部導致厚度變薄。

土條成型時

土條成型時，底面接著固定壓平後立即刺針確認厚度。

3 修坯時，首先要確認底面的厚度

確實地量測標上記號

捏塑形狀時如果有確實地掌握底面的厚度，就沒有必要特地再次進行量測，但如果無法確定時，可以先用劍型刀或刮刀這類工具量測後，再進行修坯。不過，當背面凹凸不平或傾斜時，會造成高度的變化，因此請先切削成水平再進行量測。

圈足內側的切削深度，是將標上記號的底面厚度扣除預先保留土坯厚度的高度，而剩下的土坯厚度製作成與「口緣的厚度」大致相同即可。

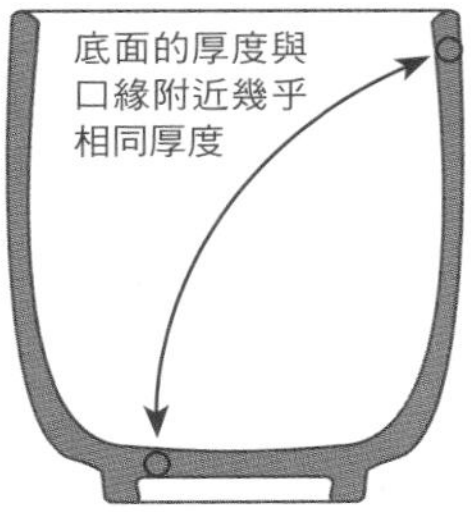
底面的厚度與
口緣附近幾乎
相同厚度

手持時的比例均衡非常重要

製作時很容易過於在意土坯的厚度及器物整體的重量，但最重要的其實是拿起時的比例均衡。

器物的重量及厚度並沒有規定，配合黏土的氣氛與不同用途而有所變化。

剛開始先以上述參考的厚度及重量為目標製作即可，但在日常生活中如果能夠一邊考量器物的使用方便性，一邊接觸陶瓷器物的話，相信就能夠找出自己喜好的厚度與比例均衡吧。

① 將劍型刀橫越口緣，以刮刀量測外寸的高度。

這個間隔即為
底面的厚度

② 保持劍型刀與刮刀的角度不變，直接放入內側確認高度。這個時候的高度落差即為底面的厚度。

斷面

4 切齊口緣時，以兩手持線切弓的前端，只注意看1個位置即可

一口氣轉動手轆轤，固定好線切弓

不擅長切齊口緣的人出乎意料之外的多。無法切齊的原因大多是因為目光受到旋轉中的轉盤吸引，導致用來固定線切弓的手跟著移動位置造成。

一口氣轉動手轆轤，開始快速旋轉後，用兩手確實地拿好線切弓的前端，不要被手轆轤的旋轉所迷惑，只需專心注意看著線切弓的前端，進行口緣的切割。

這個時候，將兩肘靠在工作桌上固定可以進一步穩定手勢。

順時針旋轉時，要將線切弓朝右側傾斜；逆時針旋轉時，要將線切弓朝左側傾斜，碰觸的角度也是很重要的重點事項。

用兩手確實地固定住線切弓的前端，不要抖動。順時針旋轉時，要將線切弓朝右側傾斜。
將兩肘靠在工作桌上可以固定得較穩定
照片中的範例是順時針旋轉

逆時針旋轉時，要將線切弓朝左側傾斜切割。

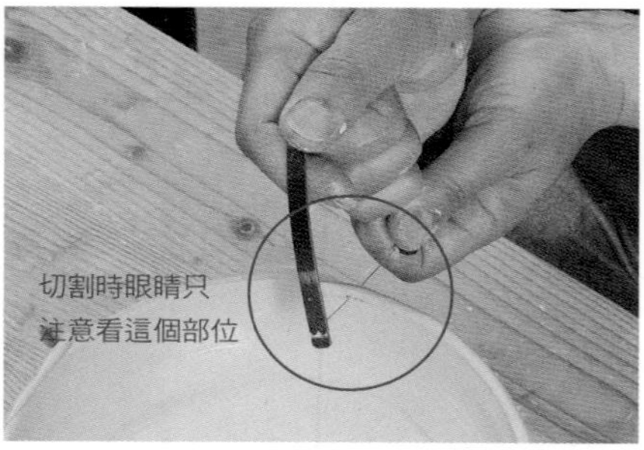

不要被旋轉中轆轤迷惑，專心注意看著線切弓的前端切割，就不易抖動。

5 依照用途分別製作不同形狀的口緣

想像器物的使用方法

每件器物各有不同的用途。在製作時配合不同的用途，考慮使用的方便性也很重要。特別是口緣部分，不光是影響器物的外觀氣氛，更是容易影響是否便於使用的重要部分。

舉例來說，像茶杯這類「就口飲用的器物」有必要考量碰觸口部時的觸感以及是否便於飲用。反過來說不需要就口的碟盤或鉢盆的口緣形狀自由度較高，不管是圓弧或是菱角形狀，各式各樣的設計都可以。此外，配合器物整體的形狀來製作口緣也很重要。

茶杯的口緣

茶杯是就口飲用的器物，稍微削尖讓轉角線條更為俐落的同時，製作成外側稍微具有圓潤感，碰觸口部時觸感更佳。

飯碗的口緣

以飯碗來說，口緣就口的情形不多，但像裝盛茶泡飯這類料理時就會有需要就口的情形，因此較多製作成類似茶杯的口緣。

碟盤的口緣

使用上的限制較少的碟盤，口緣製作的自由度也比較高。如同照片範例般的四角形或是圓弧形都可以，能夠享受各式各樣的形狀樂趣。

6 選擇的弧形板種類與弧形板的使用方法會決定形狀是否平整

選擇適合的弧形板就能製作出恰當的形狀

弧形板主要的用途是用來抵住器物的內側，將形狀整理至平順。種類眾多，要以何種弧形板製作何種形狀的器物，相信有很多人都會感到困惑。此外，苦惱於弧形板與器物的形狀出現微妙的不合這種狀況也不少。

盡可能準備愈多種類的弧形板會比較方便。雖然說將同一種弧形板直立使用和傾斜使用，即可搭配組合出好幾種不同的形狀，但理想的狀態還是只使用一個弧形板來碰觸加工黏土，就能製作出心中所想的形狀。將市售的弧形板切削加工或是研磨處理，微調整成自己喜好的形狀亦可。

碗的製作範例

使用圓形的弧形板，由內底朝向口緣修飾出平順的圓形彎弧。

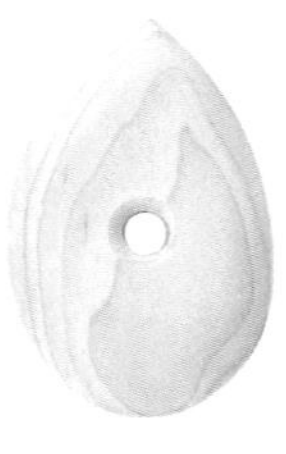

碟盤的製作範例

使用碟盤用的弧形板的直線部分，將內底修飾成平坦形狀。

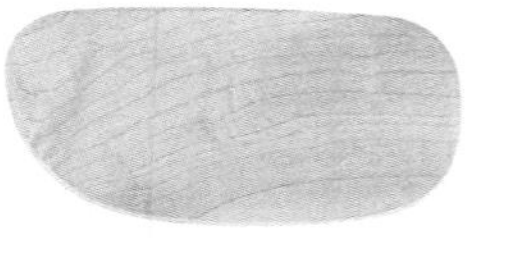

馬克杯的製作範例

延伸成圓筒狀後，將弧形板的邊角抵住內底的邊角整理形狀。

弧形板的區分使用

恰當的區分使用弧形板是製作出平整形狀的重點事項。尺寸形狀恰好符合理想中彎弧的弧形板出乎意料之外的稀少。如果實在找不到適合的弧形板，亦可將市售的弧形板磨削改造成喜好的彎弧。

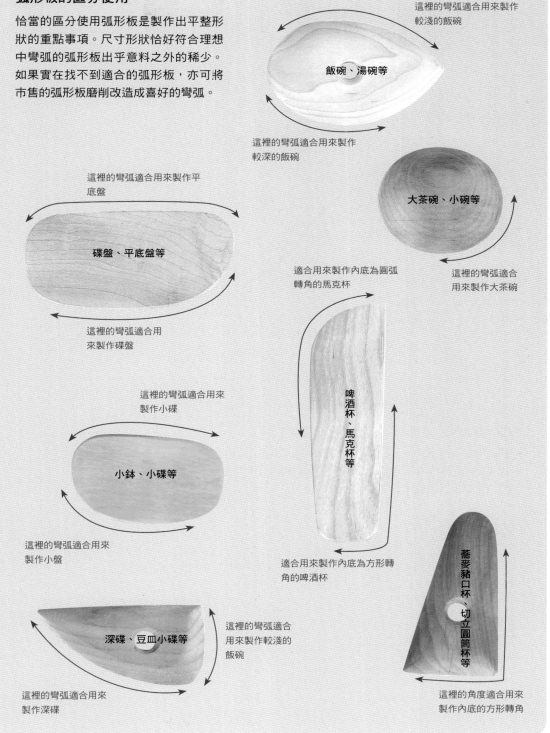

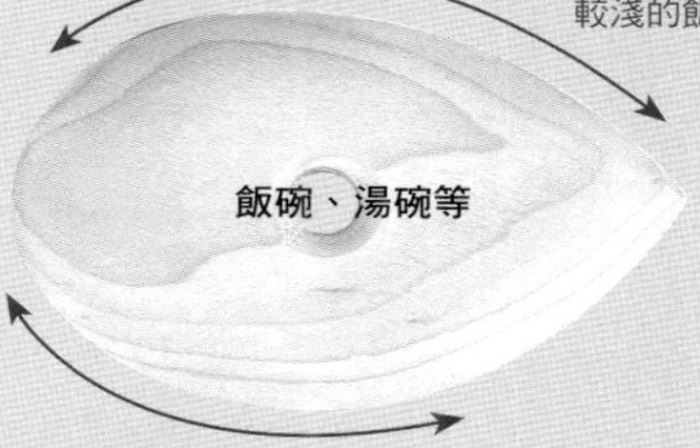
這裡的彎弧適合用來製作
較淺的飯碗
飯碗、湯碗等
這裡的彎弧適合用來製作
較深的飯碗

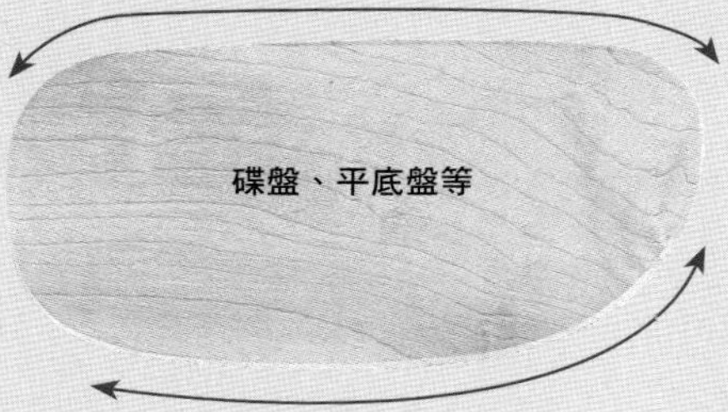
這裡的彎弧適合用來製作平
底盤
碟盤、平底盤等
這裡的彎弧適合用
來製作碟盤

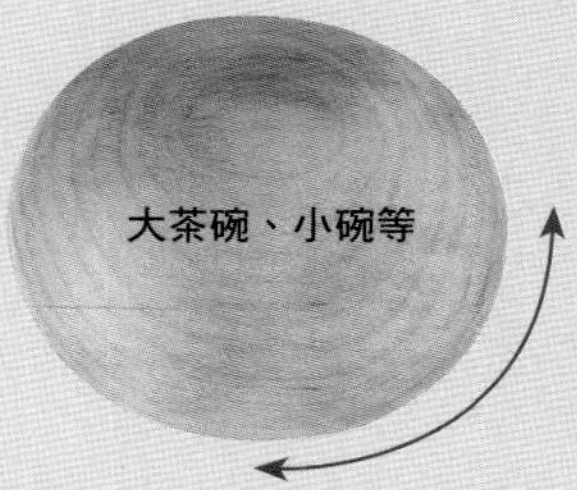
大茶碗、小碗等
這裡的彎弧適合
用來製作大茶碗

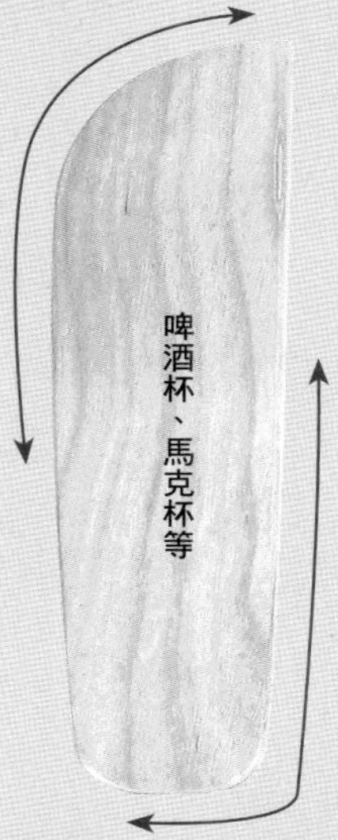
適合用來製作內底為圓弧
轉角的馬克杯
啤酒杯、馬克杯等
適合用來製作內底為方形轉
角的啤酒杯

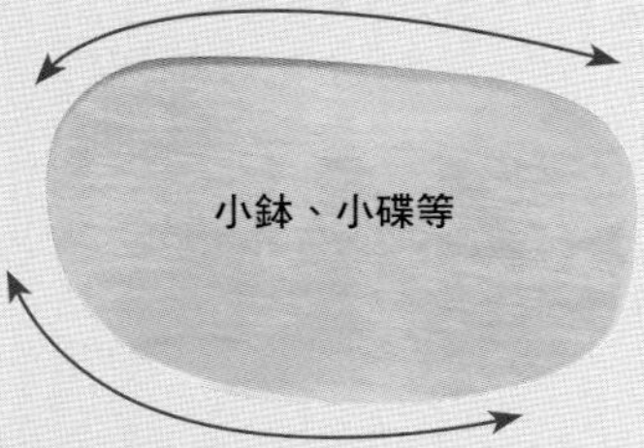
這裡的彎弧適合用來
製作小碟
小鉢、小碟等
這裡的彎弧適合用來
製作小盤

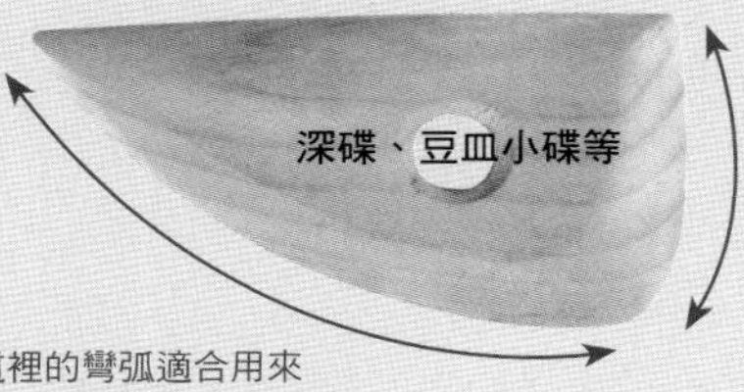
深碟、豆皿小碟等
這裡的彎弧適合
用來製作較淺的
飯碗
這裡的彎弧適合用來
製作深碟

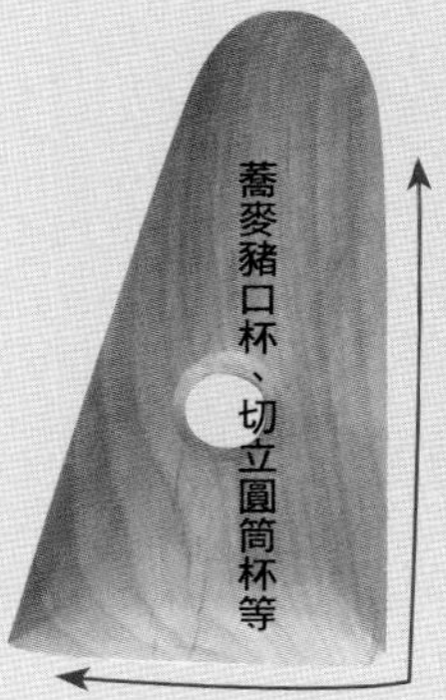
蕎麥豬口杯、切立圓筒杯等
這裡的角度適合用來
製作內底的方形轉角

7 包口器形，先製作壺頸，再讓壺身膨脹便不容易歪斜

藉由頸部使歪斜不易發生

手做成形中又以「包口器形」因為需要筆直延伸成圓筒狀的作業，再加上還要使其膨脹隆起作業，常被認為具備相當的困難度。特別是使其膨脹隆起的作業容易發生歪斜或是腰部垂落，特別需要注意。

使其膨脹隆起時有不易發生歪斜的方法。重點就是要預先製作頸部及肩部。因為這部分呈現L字型的結構，有助於不易形成歪斜。

保持均衡的漂亮曲線最具耐久性

頸部製作完成後，一邊想像修飾完成後的形狀，一邊進行使其膨脹隆起的作業。如果部分膨脹隆起過度的話，會造成腰部垂落或是歪斜，因此不要一口氣使其膨脹隆起，而是將器物整體一點一點膨脹隆起加工。保持均衡的曲線最具耐久性，因此請一邊製作出連續不中斷的漂亮曲線，一邊使其膨脹隆起吧。

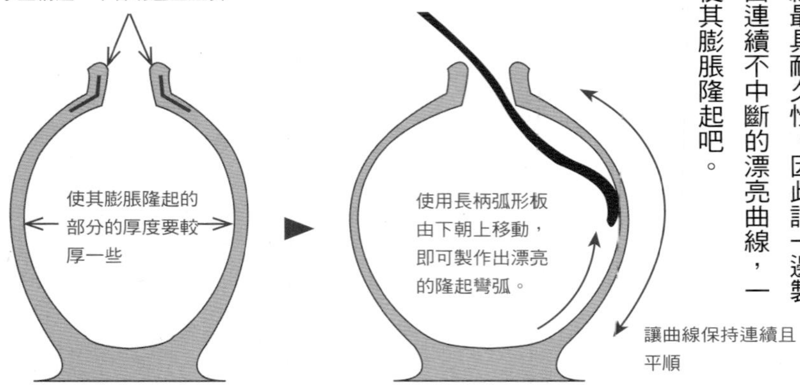
先製作出肩部的話，就會成為L字型構造，不容易產生歪斜。
使其膨脹隆起的部分的厚度要較厚一些
使用長柄弧形板由下朝上移動，即可製作出漂亮的隆起彎弧。
讓曲線保持連續且平順

依據德利酒器的形狀來改變肩部的高度

德利酒器主要是用來裝入日本酒的溫酒器物，自古以來即有各式各樣的形狀，被當作嗜好品來賞玩。製作時要配合心目中的形狀，預想肩部、頸部等使其膨脹隆起的位置來進行作業。

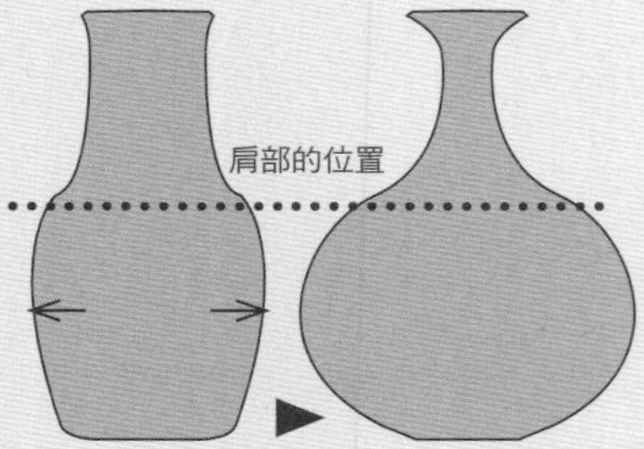
肩部的位置

李朝風的下方膨脹德利酒器，由下方 3/5 處附近製作肩部，其下使其膨脹隆起，上方則向內收縮製作成頸部。

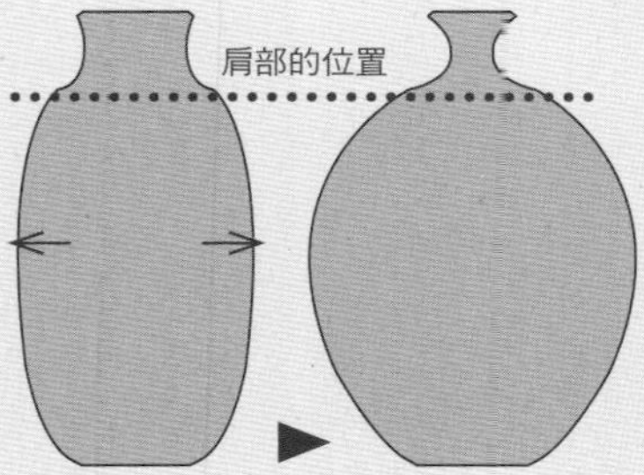
肩部的位置

形狀縱長的德利酒器，由上方 1.5 處附近製作肩部，其下使其膨脹隆起，上方則為頸部，製作成流口。

使德利酒器膨脹隆起的方法

① 以土條成型法將黏土堆疊成直徑5公分左右的圓筒狀。在距離上方3公分處向內收縮製作肩部。

② 確實地拿好長柄弧形板，勿使抖動，放入內側。一邊旋轉轉盤，一邊由下方朝上移動數次，一點一點使其膨脹隆起。

長柄弧形板

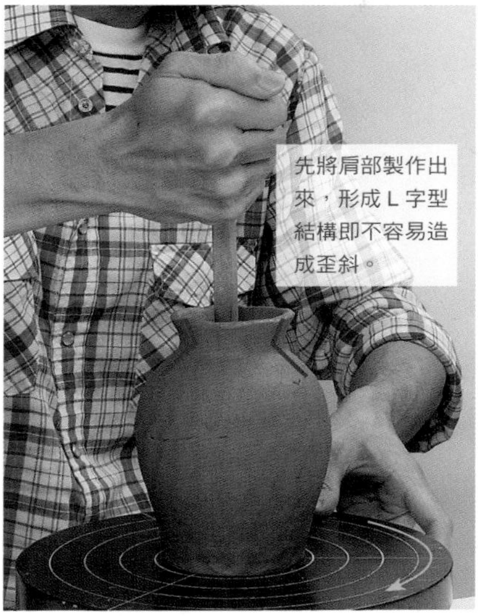
先將肩部製作出來，形成L字型結構即不容易造成歪斜。

③ 一邊旋轉轉盤，一邊將長柄弧形板由內側抵住，使其膨脹隆起成想要的形狀。

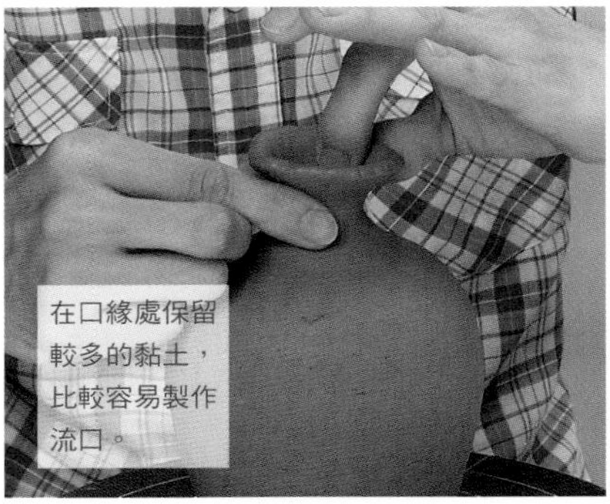
在口緣處保留較多的黏土，比較容易製作流口。

④ 加工成想要的膨脹隆起形狀之後，用兩手一點一點集中靠近，進一步收縮頸部。

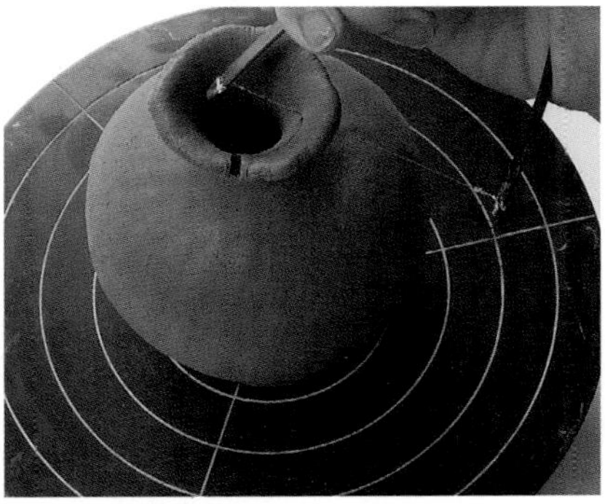

⑤ 以線切弓將多餘的部分切除，整理口緣的形狀。

⑥ 切取底部後，由兩側輕輕夾住最底部向上抬高，移放至八角板上。

8 用剪刀手固定底部，抬起時就可以不讓土坯歪斜

輕輕地夾住不易歪斜的位置

好不容易製作作品，萬一拿高或移動時發生歪斜的話就白費工夫了。將兩手擺出猜拳時剪刀的姿勢，在土坯最厚的根部位置由兩側邊輕輕地挾著拿高、移動。

① 拉緊切割線，一邊用手指按住固定手轆轤，一邊將底部切下。

② 以切割線切取底部後，將手掌朝向上方，張開食指與中指，呈現猜拳時剪刀的姿勢。再由兩側夾著最靠近底部的位置拿高。

③ 輕輕地移動到八角板上放置。作品較大時，收縮時有可能因拉扯而產生裂痕，所以要先舖設報紙再行放置。

底面較大的作品要放在八角板上製作

底面較大的作品在還沒有硬化時拿高就會變得歪斜，所以要直接在設置於轉盤的八角板上製作，連同八角板整個取下。

※ 龜板的設置方法請參照第 21 頁

9 簡單又方便好用的修坯座製作方法

製作不使口緣受損、不易滑動的修坯座

器物成形後，硬化至即使拿起也不歪斜的狀態時，便可翻至背面進行圈足的修坯作業。

直接放置在轉盤上會讓口緣毀損，也容易滑動，因此要先以黏土製作簡易的切削台後再行放置。

製作修坯用的作業台

① 製作直徑 3cm 左右的黏土條。配合口緣的大小，在轉盤上接著成圓形。
※ 厚度約 1cm

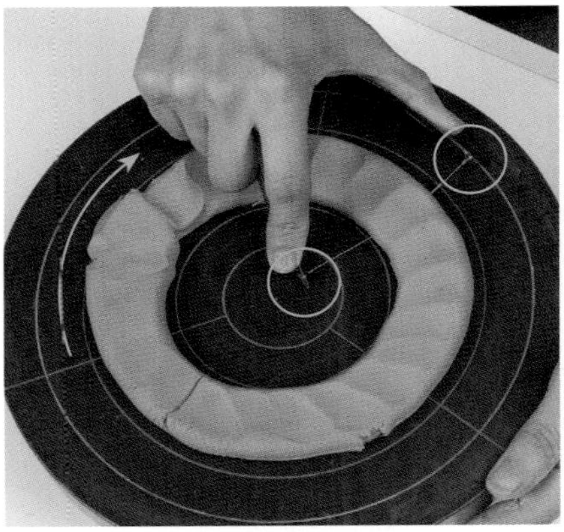

② 將線切弓的兩端靠在手轆轤上，轉動轉盤，將接著的黏土水平切片。

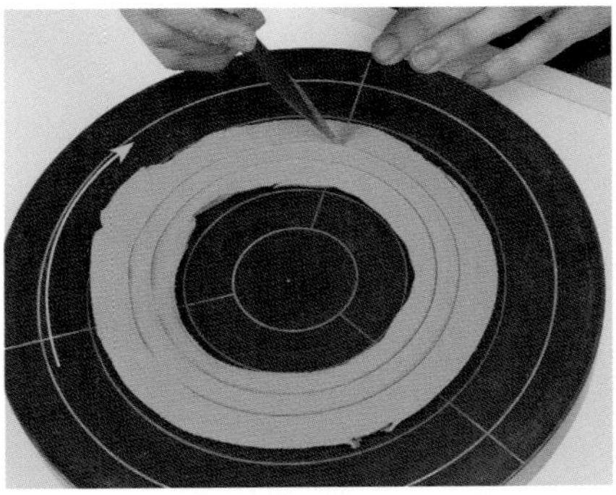

③ 劃出圓形，作為作品放置位置的參考。旋轉轉盤，以鐵刀輕輕地碰觸黏土。

④ 以劃好的圓形為參考，將作品翻至背面放置。輕輕地敲打底部，使其不會再滑動。

10 修坯刀（鉋刀）的形狀及下刀方式會改變圈足呈現出來的造形

選擇適合圈足形狀的鉋刀

圈足是左右器物外形輪廓的重要位置。此外，圈足的形狀並非一樣，依據用途及設計，可以照自己的喜好修飾完成。

此時，重要的因素是修坯刀的選用。一般而言，稱為「平線修坯刀」的鉋刀獲得廣泛的使用，但這種鉋刀也有各式各樣不同大小以及刀刃的形狀，要依據鉋削位置及形狀來區隔使用。

配合想要製作的圈足形狀選擇鉋刀非常重要，而刀刃研磨這類的保養維護也同樣不可怠慢。

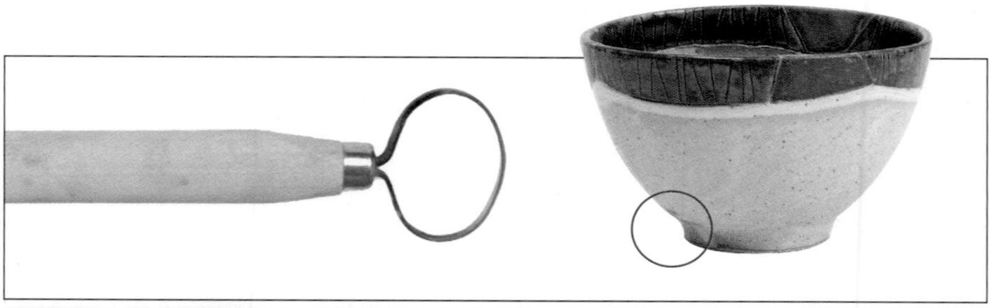

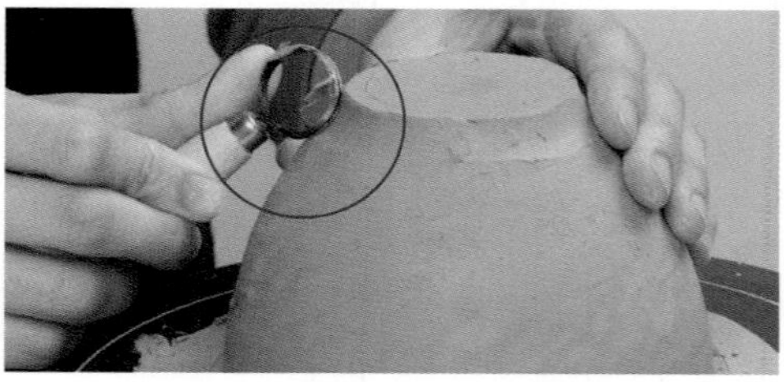

呈現圓形彎弧的柔和圈足

將腰部到圈足的線條製作成和緩的彎弧，可以呈現出柔和印象的圈足。鉋削加工時使用圓形修坯刀。

不過，彎弧的部分會有多餘的黏土殘留，所以外觀稍微感覺有些厚重。

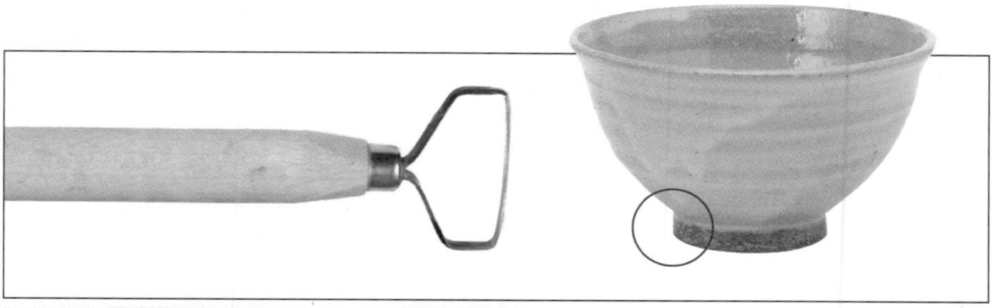

強調邊角的俐落圈足

將腰部與圈足的根部連接處部分切削成銳利轉角，即可呈現出具有俐落感的圈足。修坯時使用帶有邊角的修坯刀。

土坯的厚度因為不易出現無用的部分，所以修飾完成後的感覺比較輕盈。

11 將八角板固定在轆轤時，以甜甜圈狀的薄黏土進行接著

以較大的黏土圈來接著固定

圈足寬廣的碟盤或較大作品，如果直接在轉盤之上成形的話，取下時用手拿高就會造成歪斜。成形後用手無法拿取的作品，可以預先將龜板設置轉盤在其上進行成形。

設置八角板時，要以黏土來代替接著劑使用。先製作直徑1公分左右的黏土條，然後盡可能接著在轉盤的外圈周圍附近，使八角板不會在成形作業中滑動。將接著面積稍微沾濕後再行接著，即可確實地固定。

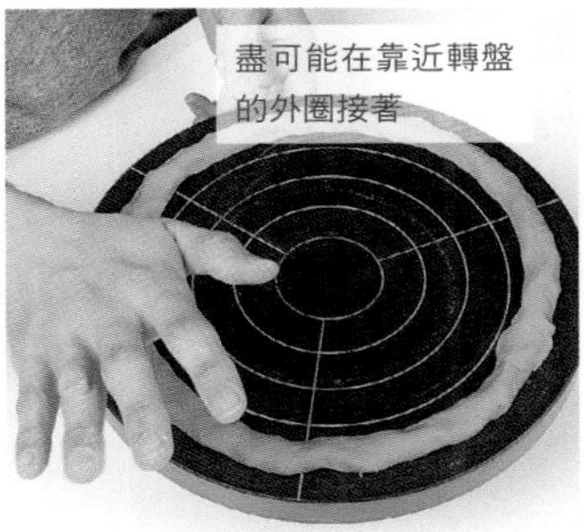
盡可能在靠近轉盤的外圈接著

① 製作直徑1公分左右的黏土條，在轉盤的外圈周圍附近繞1圈接著。然後按壓至平坦。

② 將線切弓跨越黏土條，兩端靠在轉盤上，以這樣的狀態緩緩轉動，水平切片黏土。

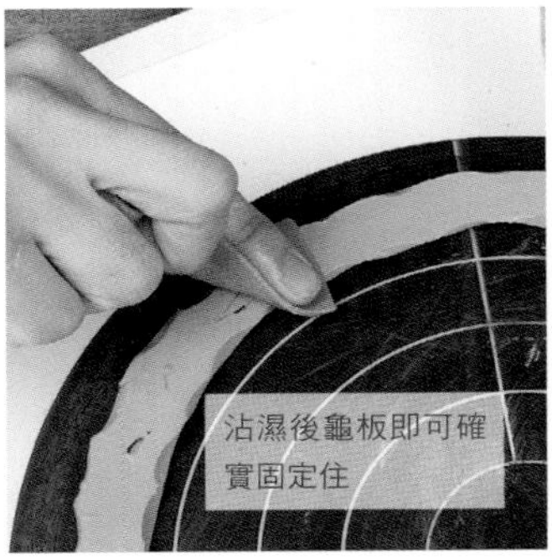
沾濕後龜板即可確實固定住

③ 以沾濕的鞣皮革沾著黏土條的上面抹上一層水分。八角板的接著面也事先稍微沾濕。

④ 將八角板放置於轉盤的正中央，用力敲打中間，使其確實接著固定。

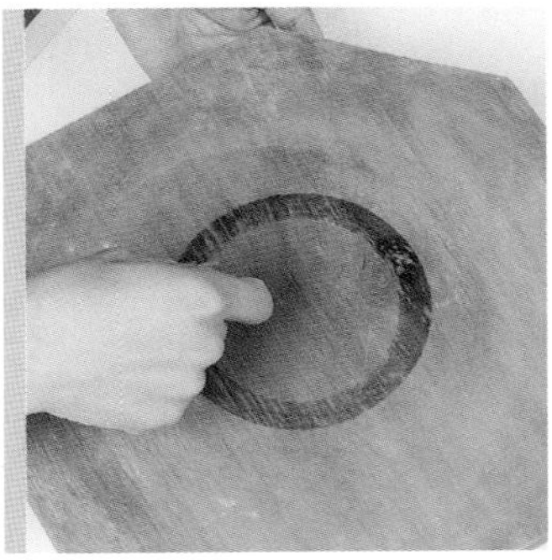

⑤ 以毛筆或是鞣皮革劃一個沾濕的圓圈，當作是放置黏土的參考位置。

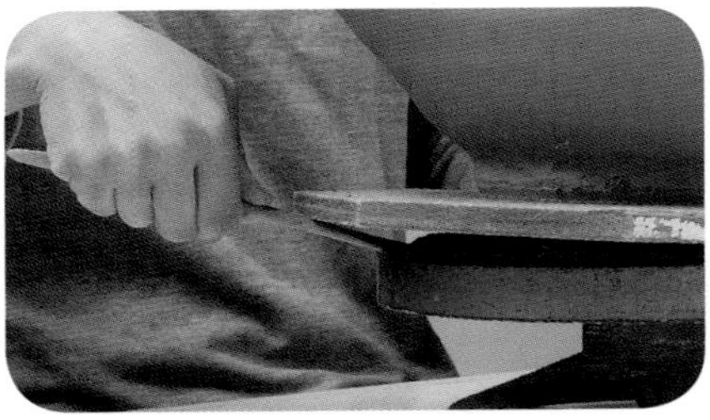

成形後，連同八角板整個自轉盤取下。不易拆卸時，可以將木棒插入邊緣，以槓桿原理來抬高八角板即可。

12 要將形狀擴大時，請務必由口緣先開始擴大

以穩定的形狀向外擴張

在捏薄的延伸作業中，因為朝上直線延伸的方向不易歪斜，所以擴張或變圓的作業要在捏薄延伸的作業完成後再進行。

由於口緣相較其他部位來得寬廣，形狀也較穩定，因此擴張時務必要先由口緣開始，接下來才是身部及腰部的擴張。如果身部及腰部比口緣先擴張的話，形狀會變得不穩定，容易變得歪斜。

此外，相較直線的形狀，具有圓潤感的形狀比較不穩定，所以製作彎弧時要一邊觀察變圓樣子，一邊一點一點進行。

大鉢的擴張

① 以土條成型製作時，先將傾斜堆高黏土條的表面撫平。
再切齊口緣。在口緣之下5cm 左右處，以弧形板進行擴張。
※ 剛開始先以整體的 1/3 左右為參考進行擴張

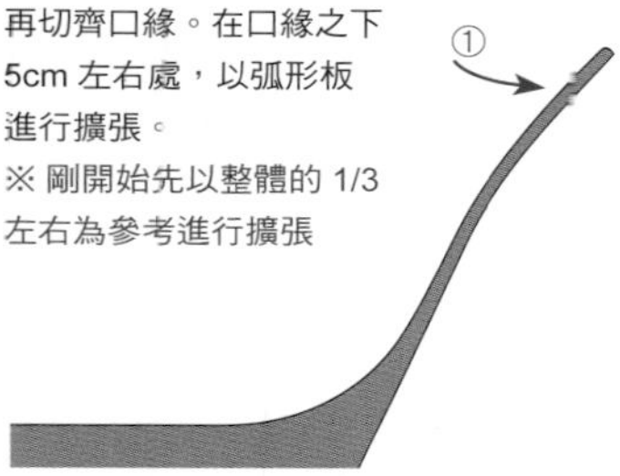

▼

② 配合擴張後的口緣，以弧形板進行身部附近的擴張，然後進一步腰部附近也跟著配合形狀擴張。
重覆數次步驟①②，直到擴張成想要的大小。
※ 一開始先不要製作成彎弧，直線擴張即可。

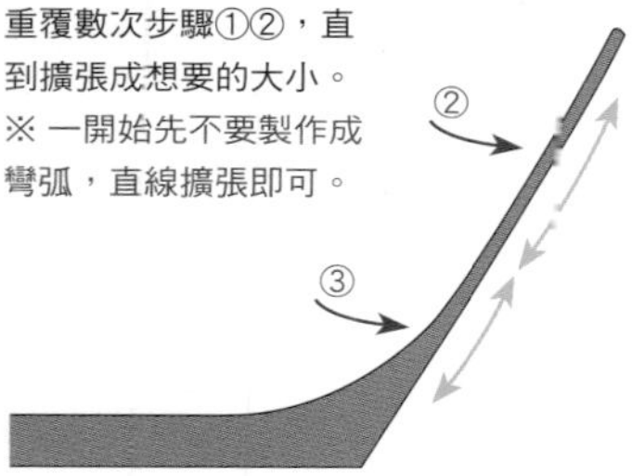

▼

③ 擴張成想要的口徑之後，在整體加上彎弧。這次是由下 (腰部) 朝上 (身部) 一邊移動圓形弧形板，一邊使其膨脹隆起。

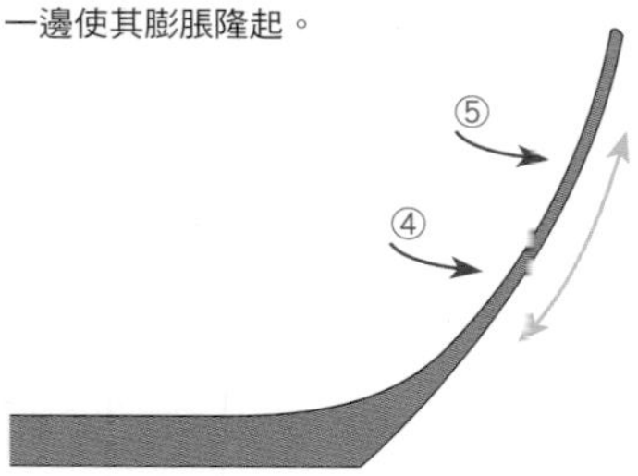

13 若要將口緣變形加工為花圈形狀或橢圓形時，將器物覆蓋在修坯底座上進行鉋削

準備身部及腰部用的作業台

若將口緣加工成花圈或橢圓形的作品直接覆蓋在手轉盤之上，會造成傷痕或歪斜。像這樣口緣變形設計的作品，就要準備一個與身部或腰部附近的直徑相同的圓形台，將作品覆蓋在這個台上進行鉋削作業。將器物放上作業台時，為了避免在作品的內側造成傷痕，請夾入海綿墊片這類緩衝材進行保護。

此外，若能預先準備一個主要使用於電動轆轤的「修坯底座」會更加便利。修坯底座是以轆轤成形自行製作而成，建議要先設想各式各樣的作品，準備數種直徑及高度不同形狀的修坯底座。

① 配合作品的大小準備一個圓形作業台。製作範例是將臉盆拿來當作大缽的作業台使用。

② 將作業台對準轉盤的中心後，以黏土固定 3~4 個位置。

③ 先鋪設海綿墊片或是布片後，將作品翻至背面放上作業台。微調整至位於中心位置。

④ 加上參考線標示出圈足的大小位置，再以修坯刀進行鉋削。

素燒的修坯底座
預先製作好配合各式各樣作品的修坯底座 (註 1) 會更加便利。

當土坯尚未完全硬化時

較軟的作品在翻至背面時，若拿著器物的身部，就會造成歪斜。此時可以將修坯座放入內側，夾住土坯再翻至背面。

土坯的內側鋪墊海綿墊片，再將修坯底座或適當的圓形容器放入內側。

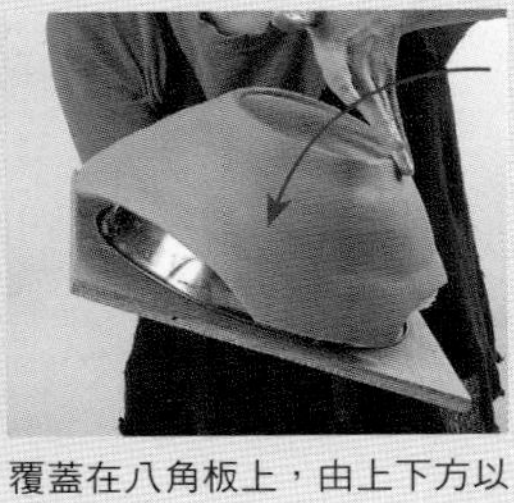

覆蓋在八角板上，由上下方以兩手扶著翻至背面。放置於轉盤上，對齊中心位置。

註 1：修坯底座在日文的漢字寫做「濕台」。將黏土捏塑成較厚的圓筒形狀，主要是用於修坯作業時使用。有的只是讓黏土乾燥的「生濕台」，也有經過素燒處理後的「素燒濕台」，可以配合個人的喜好選用。

14 質地粗糙的黏土要趁軟的時候，先大略鉋削

配合土味的鉋削方式

陶藝的黏土光是市售的產品就有數十種類，色調、粗糙度及質感也各有不同。

質地比較細緻的黏土，適合俐落的形狀或是手工藝品風格的器物。反過來說，質地較粗糙的黏土就比較適合帶有粗礦氣氛的器物。各自選用適合的土味製作成作品就不會產生違和感。

此外，關於鉋削時機，愈是顆粒粗糙的黏土，愈是趁較軟時鉋削比較好作業，黏土的表情也比較容易呈現出來。

粗糙黏土的圈足

粗糙黏土的場合，粗略地鉋削，保留鉋刀的痕跡，可以凸顯土味形成粗礦的氣氛。

趁較軟的時候鉋削。一方面是耗費工夫較少，而且形狀不會過於整齊，讓土味可以呈現出來。

瓷器土的圈足

瓷器土或是質地細緻的黏土的場合，施以不留下鉋刀痕跡的平整鉋削，能夠凸顯平滑度和俐落度。

質地細緻的黏土要等稍微較硬再行鉋削。特別是瓷器土乾燥後以超硬鉋刀進行鉋削，可以修飾成俐落的外觀。

15

土球成型要先製作一個光滑的圓形土球

最初的圓形土球很重要

土球成型雖然是最為簡單的塑形方法，但是否能製作出漂亮的外觀，有賴於最初的圓形土球是否製作得宜。即使是將黏土平均地延展，若最初的土球製作得不夠漂亮，口緣就會呈現出不平均的高度。

將揉捏成圓形的黏土固定於轉盤的中心，平均的延伸塑形，即可避免大幅度的形狀歪斜，以及減少口緣高度不整齊的現象。

作品範例的飯碗

① 計量 400g 黏土，在手中仔細地揉製成漂亮的圓形土球。

② 參考刻在轉盤的圓形，將黏土球固定於中心。以兩手拍打製作成漂亮的半球。

③ 以拇指在中心按壓出凹陷形狀。圍繞一圈，按壓出相同的凹陷形狀，擴張內底的範圍。

④ 用雙手將黏土捏薄，同時稍微向內收攏，不使其過度向外擴張。成為想要的尺寸大小之後，再擴張成碗型。

16

土球成型要由腰部依序捏薄加工

先將腰部厚度修飾完成

土球成型的場合，基本上是以拇指與食指捏製，只能製作出與拇指長度相同深度，再深就手指碰觸不到了。如果要製作比拇指更深的器物時，內側與外側就得各自以左右手的手指捏製，讓作業變得困難。

為了要讓作業時拇指也可以觸碰到黏土，由腰部附近開始，就要先將厚度修飾完成，再慢慢地朝口緣靠近。使用這個方法，就能保持在拇指可以觸碰到的高度進行作業。

如果是將整個器物一點一點的反覆薄化加工，作業途中拇指就會變成無法觸碰到黏土了，請多加注意。

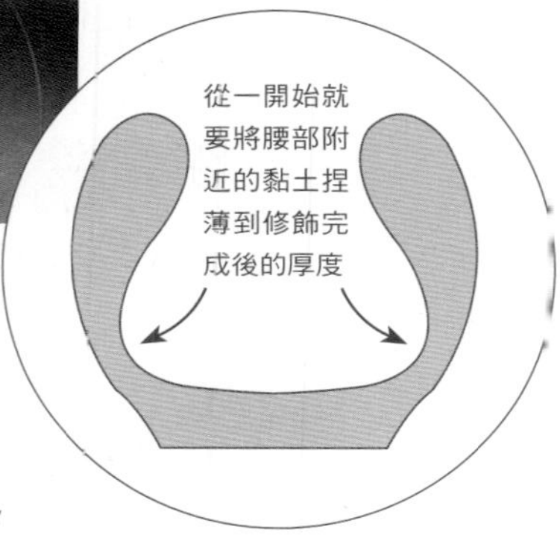
從一開始就
要將腰部附
近的黏土捏
薄到修飾完
成後的厚度

① 將揉成漂亮土球的黏土固定於轆轤的中心，用拇指自黏土中心向外擴張。進一步將腰部附近捏薄至修飾完成後的厚度。

▼

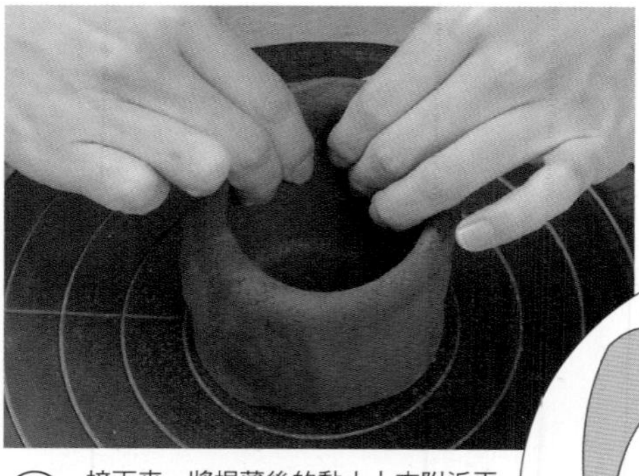

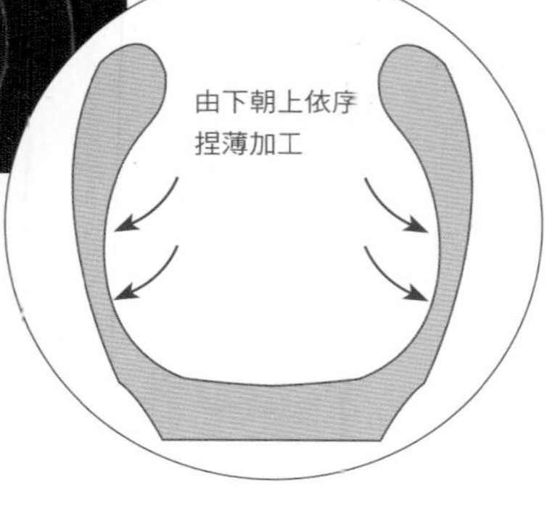
由下朝上依序
捏薄加工

② 接下來，將捏薄後的黏土上方附近再捏薄至修飾完成後的厚度。像這樣，由腰部開始一邊將厚度修飾完成，一邊一點一點向上延伸，最後再將口緣附近的厚度修飾完成。

17

大範圍捏薄加工時要在「遠離自己那側」；細微作業時則要在「靠近自己這側」進行加工

區分不同捏塑方法的位置

進行捏薄作業的時候，要在距離自己較遠的那一側（對面那側），或是自己前方這側進行作業。

在對面那側捏塑時，會以食指、中指、無名指這3根手指按住外側。由於可以同時捏塑較寬廣的面積，適合大幅度延伸的這類大範圍作業。

反過來說在自己前方捏塑時，主要使用外側的拇指與內側的食指進行捏塑，方便進行細微的作業。此外，將黏土集中向內側收攏時，也是在自己前方比較容易作業。

在對面那側捏塑

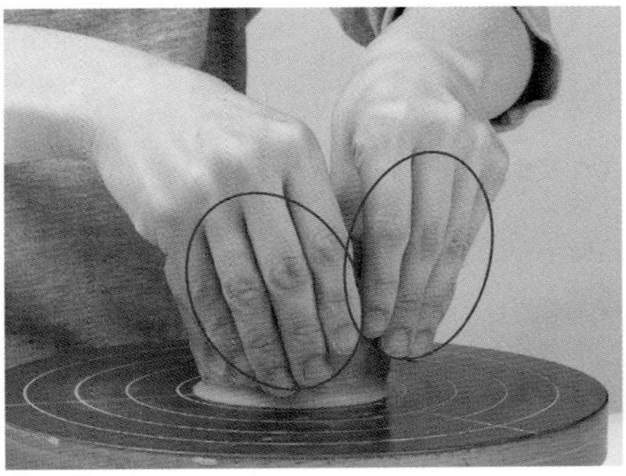

在對面那側捏塑時，左右手各自有 3 根手指會按住外側，可以同時捏薄較寬廣的面積。此外，整理厚度時也比較方便。

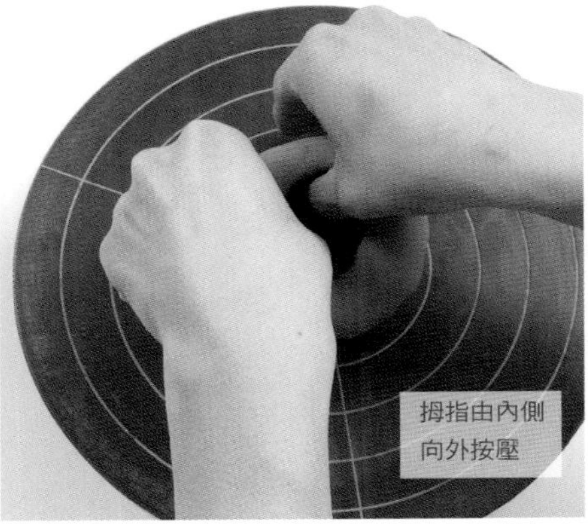

在自己前方捏塑

由於在自己前方捏塑較易於進行細緻的作業，因此在將黏土集中向內側收攏，或是製作德利酒器的頸部等作業時相當方便。

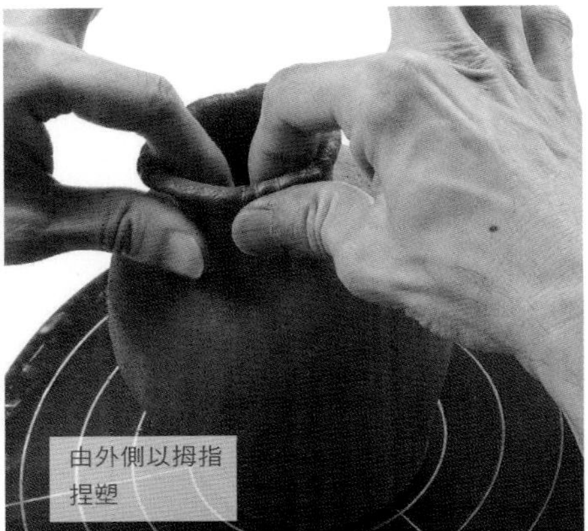

18 輕輕滾動一圈以上，就能製作出漂亮的黏土條

製作時務必要轉一圈

土條成型是要由製作漂亮的黏土條開始。這個黏土條如果粗細參差不齊、或者形狀扁平的話，在堆疊時就會出現不平均、歪斜或是厚度不整齊等狀況。

製作黏土條時，預先就要用手一邊握住，一邊旋轉，製作成圓形的棒狀。

握住 400g 左右的黏土，盡可能塑形成漂亮的圓形棒狀。

① 翹起手掌，一邊輕輕按壓黏土，一邊前後滾動一圈以上。

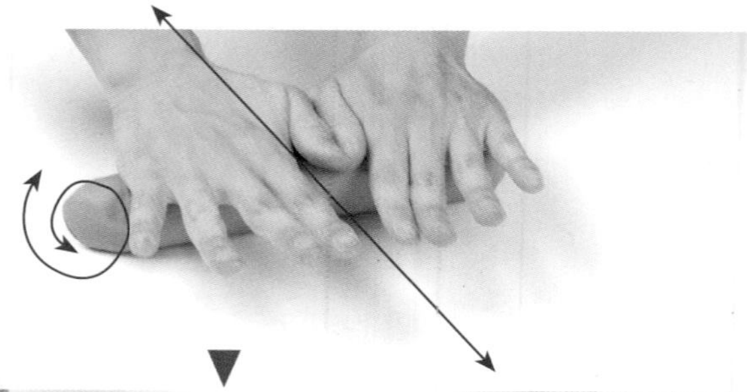

② 將手的位置一點一點向兩側移動，輕輕地滾動數次。

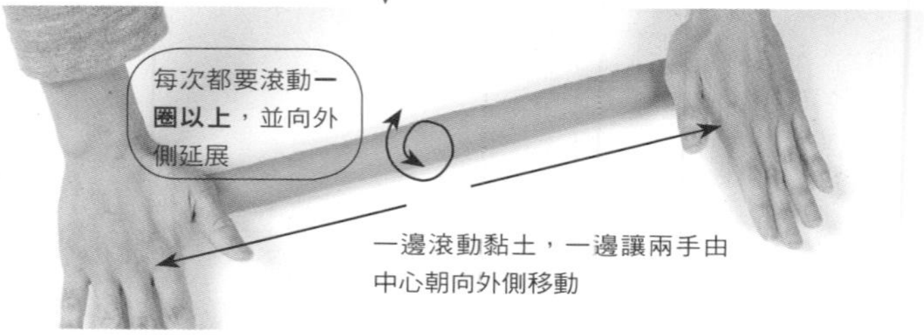
每次都要滾動**一圈以上**，並向外側延展
一邊滾動黏土，一邊讓兩手由中心朝向外側移動

③ 如果黏土條變得過長的話，裁切成適當的長度，一直滾動變細到想要的直徑為止。

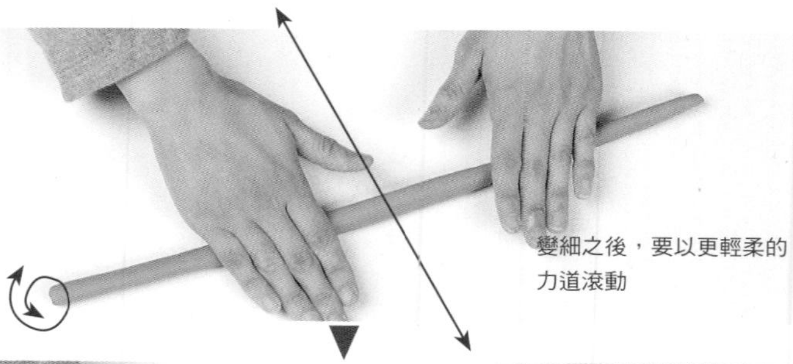
變細之後，要以更輕柔的力道滾動

④ 揉成想要的直徑後就完成了。

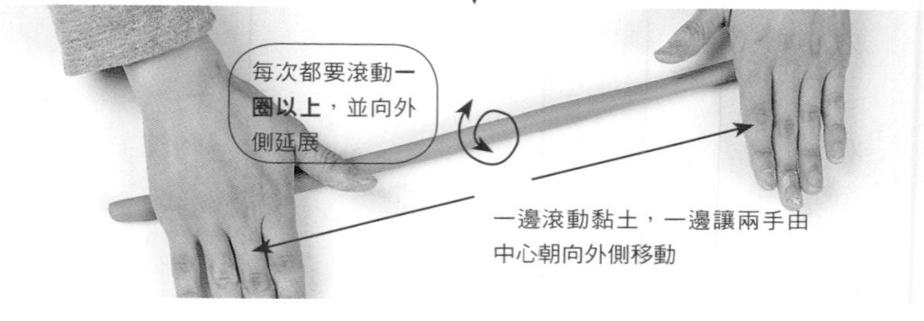
每次都要滾動**一圈以上**，並向外側延展
一邊滾動黏土，一邊讓兩手由中心朝向外側移動

19 製作黏土條時，若變得平坦，可以扭轉土條來修補形狀

盡快地修補

製作黏土條時最多的失敗就是變成「扁平（橢圓形）」。形成的原因有2個。第1個是沒有讓黏土滾動一圈以上。沒有滾動一圈的話，就會造成只有一部分受到按壓，結果形成扁平的形狀。第2個原因是按壓過度。按壓力道過強的話，雖然有滾動一圈以上，但在最後放手前，形狀還是會被壓扁。

只要注意以上2點，就不會讓黏土條變得扁平。但如果發現已經變得扁平時，就要盡快地修補。修補時可以手持兩端，將土條扭轉，然後輕輕地滾動，讓形狀變得平順而融為一體。

修補變成扁平的黏土條

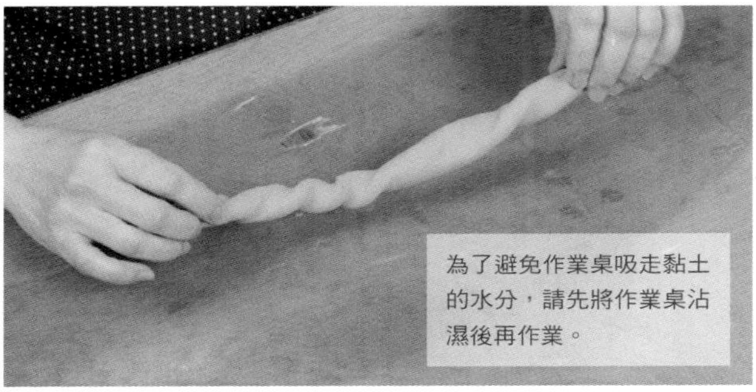

為了避免作業桌吸走黏土的水分，請先將作業桌沾濕後再作業。

① 如果黏土條變成扁平狀的話，請手持土條兩端扭轉數次。

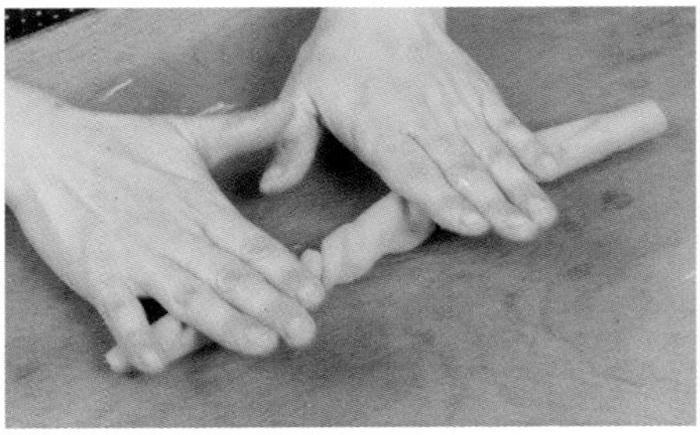

② 一邊輕輕地按壓，一邊前後反覆滾動 1 圈以上，讓扭轉的形狀變得平順融為一體。

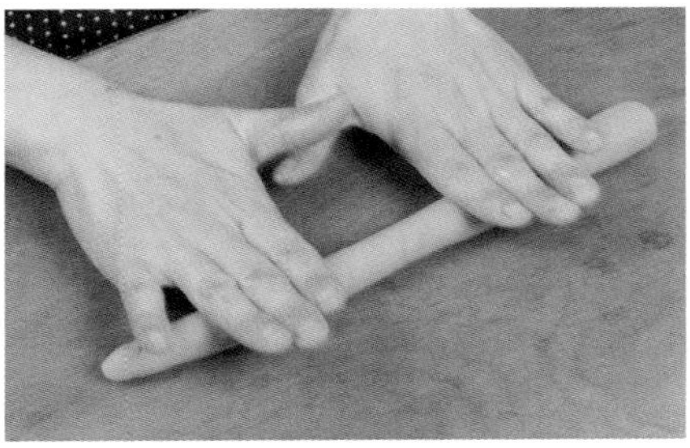

③ 當扭轉的皺摺都消失之後，修補作業就完成了。

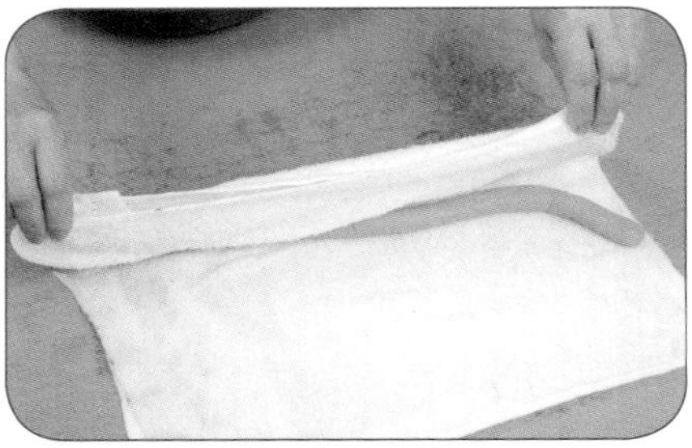

因為黏土條很容易變乾的關係，製作完成後請立刻以濕毛巾等包覆起來。

20 增加黏土條的接著面積，防止龜裂發生

以傾斜的角度重疊堆高

土條成型的弱點是在黏土條堆疊時的接著部分。基本上對陶藝來說，「接著」這個作業，都容易伴隨著龜裂與剝離這類的風險。重覆進行接著作業的土條成型，當然就必須更加小心。

黏土條堆疊時，並非直接以圓形的狀態接著於上方，而是用拇指一邊抹在內側接著，一邊使其與周圍融為一體。這麼一來，接著面積就會變得較寬廣，可以讓接著更加穩固。

有些陶藝家會在稍微內側的位置接著，也有人習慣在外側接著。接著的位置及方法雖然各有不同，但共通的訣竅都是要盡可能增加寬廣的接著面積，並使其與周圍的黏土融為一體。

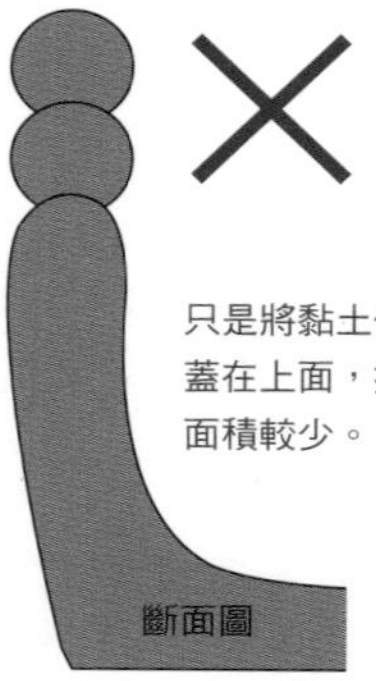

只是將黏土條覆蓋在上面，接著面積較少。

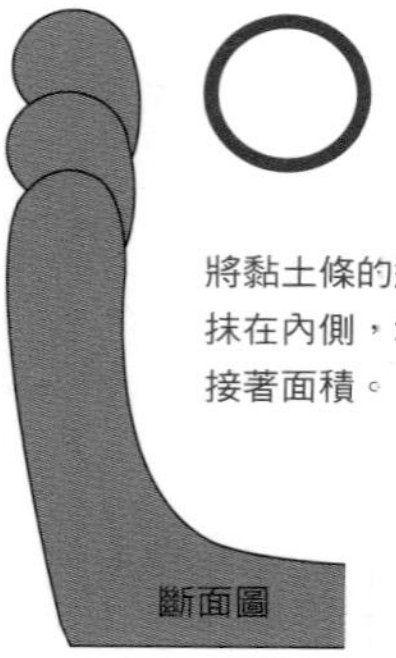

將黏土條的邊緣抹在內側，增加接著面積。

各式各樣的黏土條堆疊方法

每位陶藝家的黏土條堆疊方法都各有不同。然而，不管任何一種方法，在增加接著面積，製作穩固這點是相同的。

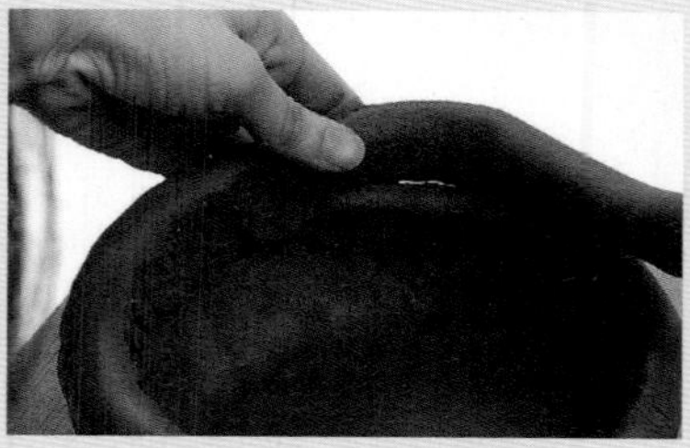

將黏土條在內側大幅度抹平按壓接著的範例。 ※ 照片的黏土是土鍋土

在較厚的口緣正上方覆蓋黏土條，並在內側稍微抹平按壓接著的範例。

接著口緣的外側，捏塑延伸使其融為一體的範例。

確實接著黏土條的方法（製作範例：大鉢）

讓我們以大鉢為例，看一下基本的土條成型步驟。製作範例是以濕潤的牙刷摩擦接著面積，藉以增加定著性。

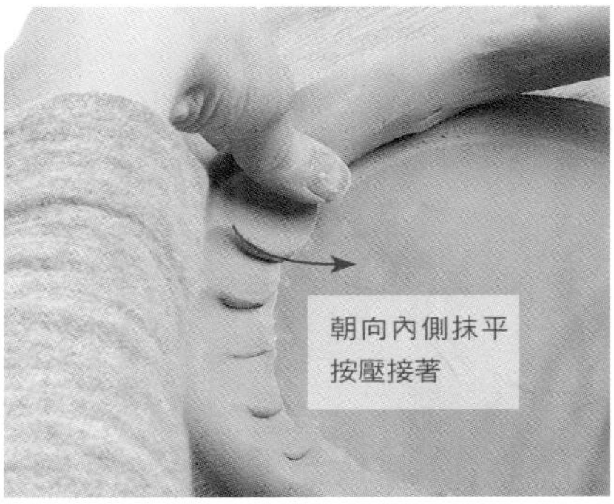

①製作直徑2公分左右的黏土條。將底面邊緣4公分左右以濕潤的牙刷磨擦。再將黏土條邊緣朝向內側抹平按壓接著。
接下來，將外側整理平順使其融為一體。底面的黏土用手指向上刮抹，把黏土條之間的間隙填埋起來。

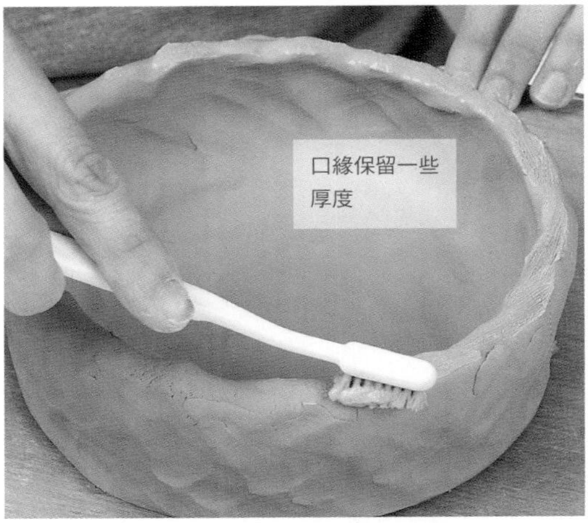

②用手指捏塑接著完成的黏土條，整理厚度。再以濕潤的牙刷磨擦保留一些厚度的口緣。

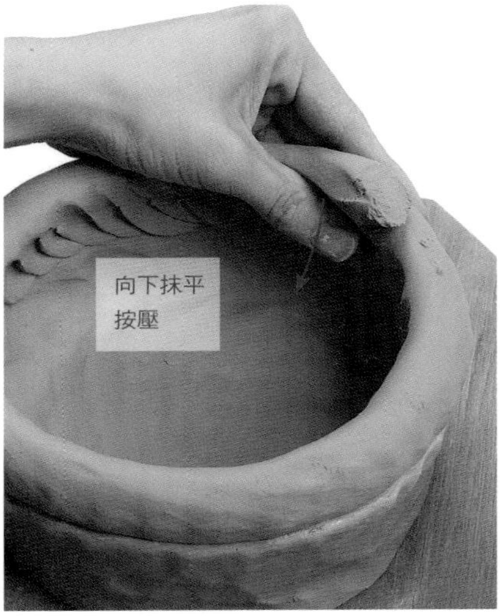

③將黏土條一邊抹平按壓，一邊圍繞口緣一圈接著，接著把多餘的黏土條切除。

④將下側的黏土向上刮抹，填埋外側連接部分的間隙。

⑤沾濕弧形板，增加滑順度。用手按在黏土的另一側，以弧形板刮抹表面至平整。

21 「分層堆疊」與「螺旋堆疊」。區隔活用2種不同的堆疊方式

基本製法是分層堆疊

黏土條的堆疊方法有「分層堆疊」的堆疊方法，以及「螺旋狀」的堆疊方法。

將外觀平整的黏土條一層一層堆疊上去的方法不易形成歪斜，完成後也容易修飾美觀，但因為過程中需要仔細小心的作業，自然會增加作業的工夫。

另一方面，螺旋狀的堆疊方法，因為可以一口氣堆疊數層，雖然作業會稍微加快，但也因為是傾斜向上堆高的方法，所以不容易掌握中心及口緣的水平。

基本製法是「分層堆疊」，當熟練土條成型的方法後，再挑戰提升效率的「螺旋堆疊」製法即可。

分層堆積（基本製法！）

① 盡可能製作相同粗細的黏土條，然後再切割下來分層堆疊接著。

② 一邊壓扁本體與黏土條，一邊使其與周圍融為一體。每一層都要像這樣進行一連串的作業。

螺旋堆疊

① 盡可能製作相同粗細的黏土條，再層層堆高成螺旋狀。這個時候，要將黏土條一邊抹平一邊按壓，使其與底下的黏土條融為一體。

② 堆疊數層之後，撫平填埋內側與外側的間隙。重覆這個作業，直到製作成想要的大小為止。

22 黏土條如果先堆疊再接著的話，容易歪斜

務必要一邊接著，一邊堆疊

在土條成型的分層堆疊作業時，經常可以看到有人會將黏土條置於口緣之上，預先裁切1圈分的長度再接著。這個方法會讓黏土條出現多餘部分，壓扁接著時會容易變得鬆垮垮的。而且最後的結果會比原先預定的尺寸還要大上一些。

如同第30頁所做的說明，黏土條在堆疊時，用手指一邊抹平按壓黏土條，一邊接著1圈，然後切除多餘的部分。這麼做的結果不會產生多餘的黏土條，可以防止不必要的尺寸擴張。

○ 壓扁後一邊接著，一邊堆疊 1 圈

將黏土條壓扁後一邊接著，一邊堆疊 1 圈。

將一圈分的黏土條一邊壓扁，一邊接著，就不會產生多餘部分的黏土條，不容易造成尺寸擴張。

✕ 放在口緣上裁切 1 圈的長度後，再壓扁接著

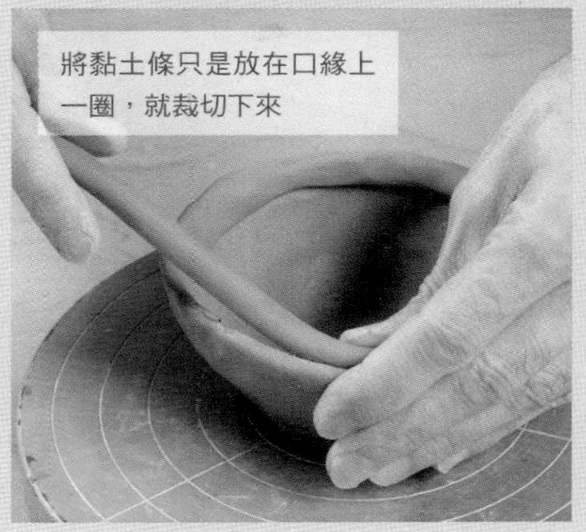

將黏土條只是放在口緣上一圈，就裁切下來

黏土條只放在口緣上繞一圈就直接裁切下來，之後才進行壓扁接著作業的話，就會容易造成鬆垮垮的狀態。

23 讓黏土板（土板）切片平整的5項要點

切片成相同的厚度

對於陶藝來說，將平坦板狀的黏土稱為「黏土板」，使用這個黏土板的成型方法稱為「土板成型」。黏土板的製作方法主要有2種（在第32頁有詳細解說），在這裡要為各位詳細解說關於製作大量黏土板時的便利切片方法。

切片時會使用到一種稱為「土板模板」的木板。土板模板通常有1、3、5、7、10mm等不同的規格，實際上切片下來的黏土，會因為切割線的張弛程度而有些微的厚度變化。要想切片成相同的厚度有幾個重點，請遵守這些重點事項，盡可能製作出平整的黏土板吧。

① 最底下的黏土板不使用

先將 1~2mm 的黏土板模板舖設在最底下，然後再疊上目標厚度的黏土板進行切片。最下部較薄的黏土板因為會接觸到工作桌的關係，背面不怎麼美觀，所以不予使用。

此外，最上方的黏土板也因為厚度不平均的關係不使用。

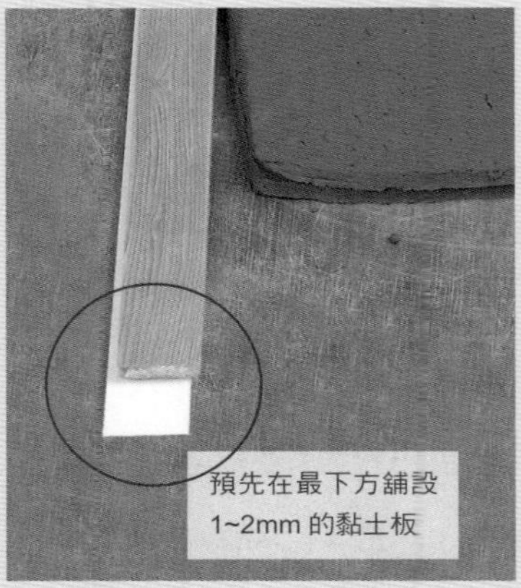
預先在最下方舖設
1~2mm 的黏土板

② 將切割線按壓在黏土板上

將拉緊的切割線兩端，用拇指確實地按壓在黏土板模板上進行切片。如果線拉得不夠緊，或是沒有按壓在黏土板模板上的話，切割線就會形成空隙，造成黏土板的厚度整齊。

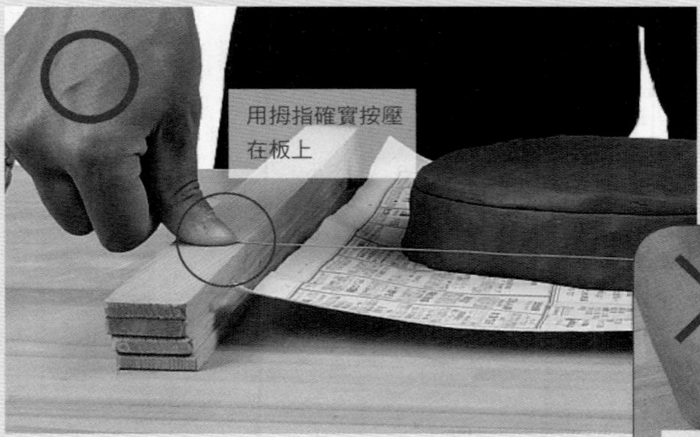
用拇指確實按壓
在板上

如果在黏土板模板外側拉住切割線的話，切割線會騰空浮起。

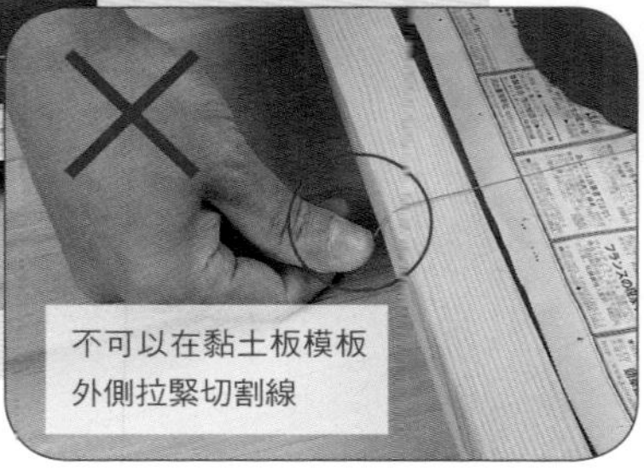
不可以在黏土板模板
外側拉緊切割線

此外，切片後將表面漂亮的撫平作業也很重要。以切割線切割後的表面會稍微有些粗糙，還會產生細微的線狀紋路。如果不以刮刀將這類痕跡撫平的話，不只是外觀看起來不佳，甚至會成為龜裂的原因。

不同作品的黏土板模板厚度參考

水杯	5mm
啤酒杯	7mm
小碟	5mm
盤子	7mm
淺碟	7~10mm

③ 壓上重石固定後再切片

要切片的黏土塊較小時，在切割時有可能整塊黏土都會跟著牽動，因此要將轉盤這類的工具倒放在黏土上面，當作重石使用。此外，最上面的多餘部分較薄時，加上重石也會比較容易切割。

如果不好施力的話，可以戴上工作手套再作業。

④ 將切片後的黏土放在原處，只把黏土板模板移除

切片後的黏土直接留下，當作後續切片時的重石使用，只將土板模板逐片移除即可。

⑤ 刮刀（刮板）每次使用前都要先以砂紙研磨處理

黏土板的表面以較軟的塑膠刮刀撫平即可變得平整，但因為塑膠刮刀容易產生傷痕，所以每次都要先將表面研磨處理至平滑再使用。

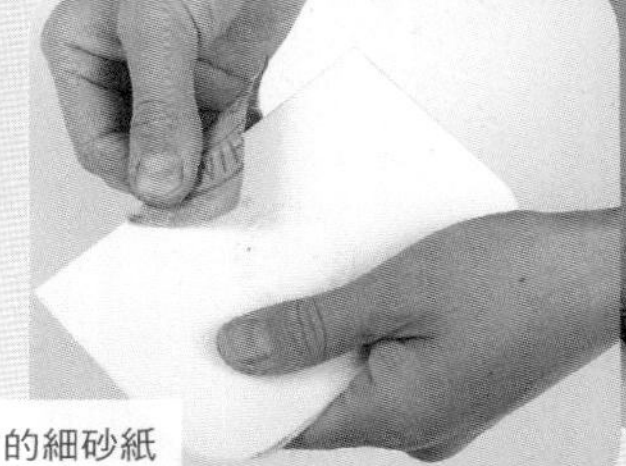

以 400 號左右的細砂紙研磨

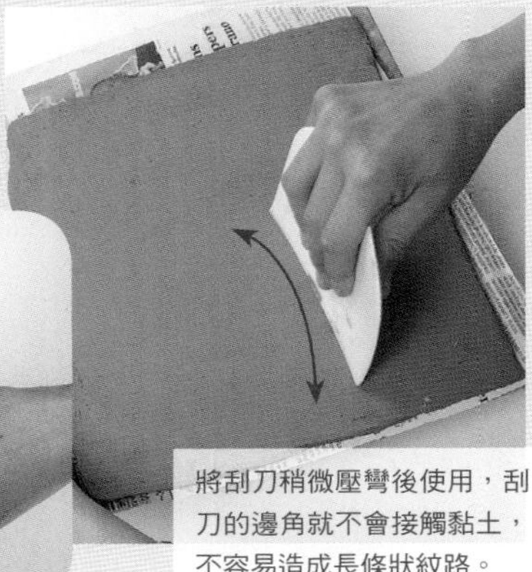

將刮刀稍微壓彎後使用，刮刀的邊角就不會接觸黏土，不容易造成長條狀紋路。

24

「切片」與「按壓延伸」這2種土板成型的特徵

少量使用按壓延伸法，大量使用切片法

製作黏土板的方法，有以切割線進行「切片法（切割）」，以及使用擀麵棍的「按壓延伸法（延展）」這2種方法。

切片法製作出來的每一片黏土厚度都較為平均，而且適合大量製作。按壓延伸法則是即使只製作1片也很簡單，而且易於製作較大的黏土板。此外，力氣較小的女性，使用按壓延伸法會比較容易製作。

請依據製作作品的大小，以及使用量來區隔使用這兩種方法。

切片法（切割）

將黏土延展成比想要使用的大小稍微更大的尺寸，在兩側邊放置黏土板模板。

拉緊切割線，兩端以拇指按壓固定在黏土板模板上，然後向身體的方向移動。

黏土保持不動，然後將兩側邊的黏土板模板移除1片，再重覆切片的動作。

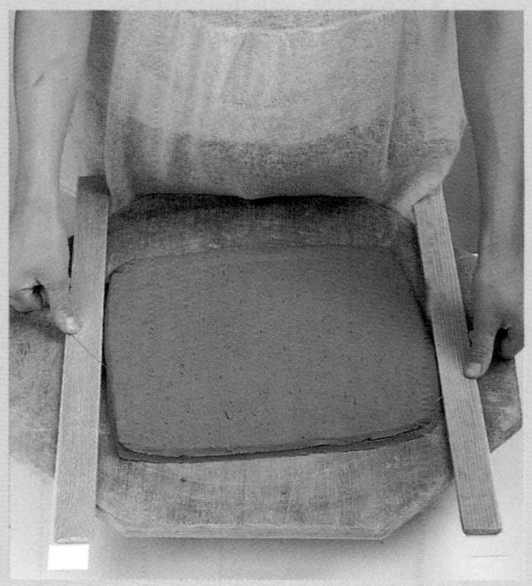

按壓延伸法（延展）

將黏土敲打延展至比想要的厚度稍微更厚一些，兩側邊放置黏土板模板，滾動擀麵棍，一點一點使黏土變薄。翻過背面，或改變方向，分數次滾動延展至想要的厚度。

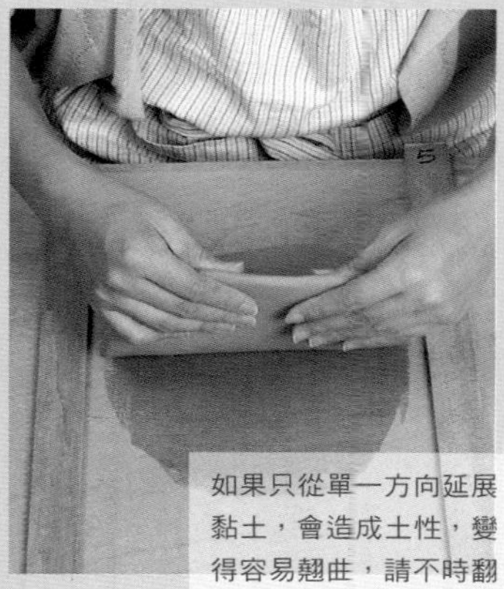

如果只從單一方向延展黏土，會造成土性，變得容易翹曲，請不時翻過背面、或改變方向延展加工。

25 墊在皿板下方的枕木黏土條要稍微露出外側，方可製作出漂亮的彎弧

彎弧漂亮的皿板

土板成型法製作的皿板，是以將黏土條枕木擺放於黏土板的邊緣，使邊緣架高的方式製作。用這個方法製作皿板時，有2點注意事項。

第1點是黏土條的粗細。用來當作枕木使用的黏土條直徑較粗，就會製作成較深的皿板；直徑較細，就會製作成較淺的皿板。

另1點是黏土條的擺放位置。要想製作出彎弧漂亮的皿板，黏土條擺放於背面時，就必須擺放於稍微超出黏土板邊緣的位置。如此一來，翻至正面形成彎弧時，黏土板的邊緣就會正好落在黏土條的頂點附近位置，即可呈現出漂亮的彎弧。

① 將鏤刻成碟盤形狀的黏土板翻至背面，並在邊緣撒上太白粉當作剝離劑。製作直徑 1.5cm 左右的黏土條，沿著碟盤的邊緣擺放。這個時候，黏土條擺放時要讓 1/3 的部分超出土板的外側。

② 以八角板夾住後翻過背面，輕輕地按壓中心，使其凹陷呈現出碟盤的形狀。將邊緣弧角製作出來，整理彎弧。

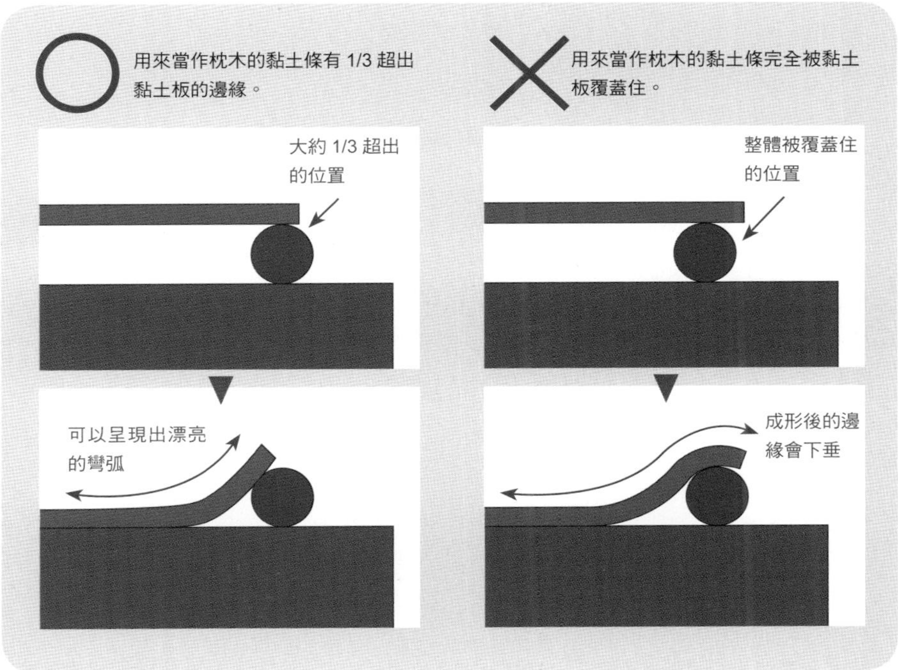

○ 用來當作枕木的黏土條有 1/3 超出黏土板的邊緣。
大約 1/3 超出的位置
可以呈現出漂亮的彎弧
× 用來當作枕木的黏土條完全被黏土板覆蓋住。
整體被覆蓋住的位置
成形後的邊緣會下垂

26

延伸至四角落時，加上一個黏土球才能呈現出邊角

展延成四角形的黏土板

使用擀麵棍將黏土延伸加工成黏土板時，據說相較於圓形，要延伸成四角形更為困難。延伸成四角形的重點事項在於如何將邊角延伸加工製作出來。

首先，從一開始就要一邊意識到四個邊角的形狀，然後一邊將黏土敲打至平坦。這個時候就必須在某種程度上已經呈現出四角形的形狀。接著用擀麵棍稍微延伸加工後，將黏土板模板朝向邊角擺放成八字形，然後再將黏土朝向四角落的方向延伸加工。

如果這樣還不夠四角形的話，稍微追加一些黏土，然後將黏土以向外側擠壓的方式延伸加工，就能製作出邊角。

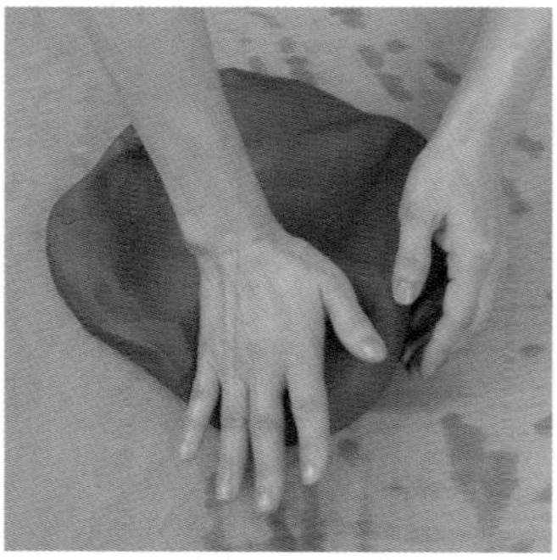

①將黏土的四個角落以手掌按壓的方式向外側拍打推壓，呈現出四角形。

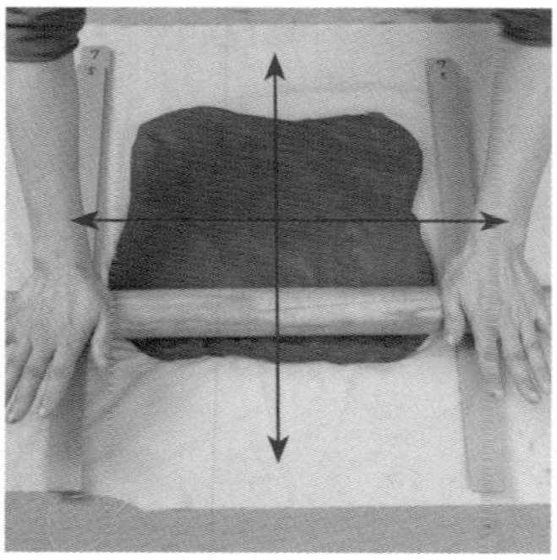

②某種程度變得平坦後，以擀麵棍朝向前後左右滾動，進一步將黏土擀薄。

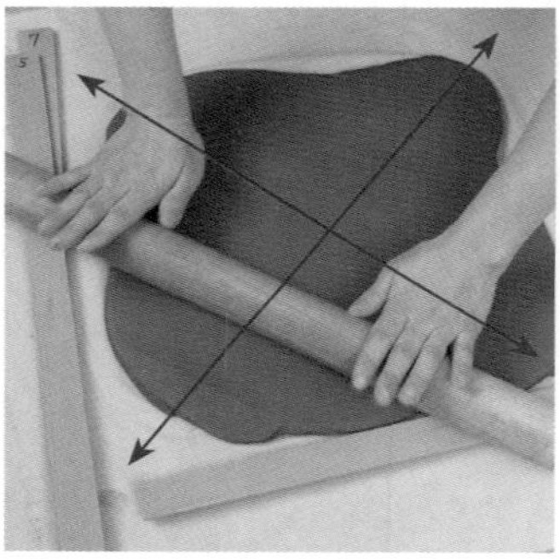

③邊角呈現出來後，將黏土板模板朝邊角方向擺放成八字形，再朝邊角方向滾動擀麵棍延伸加工。

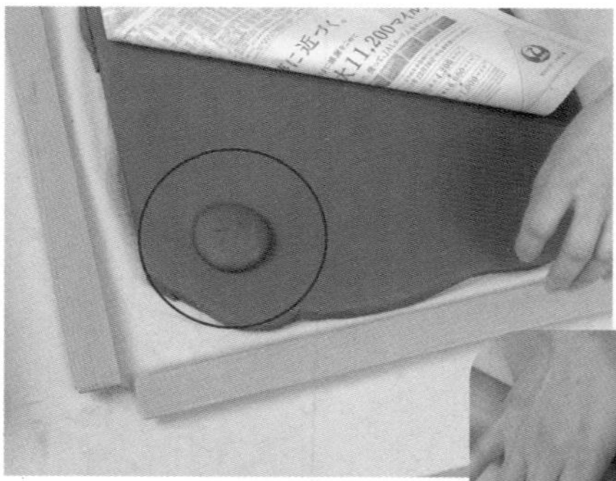

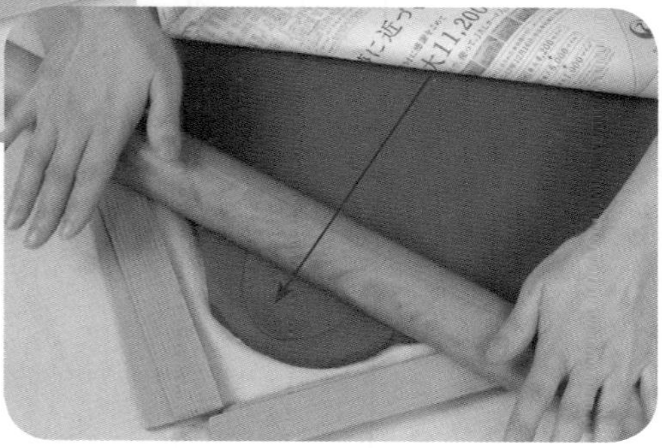

④如果這樣還是有無法呈現出邊角的部分，請追加一個揉成圓形的黏土球，再以像是要將黏土擠壓到邊角一般的方式滾動擀麵棍。

27

裁切成L字形的形狀，要待其乾燥後較易裁切

銳角的切口容易出現裂痕

以土板製作皿板，可以切割成各種不同的形狀。圓形、橢圓形或四角形這類的形狀因為比較穩定，不怎麼會因為乾燥而在邊緣產生裂痕。但如果製作成複雜形狀的話，就容易出現脆弱部分或是承受張力較大的部分，產生裂痕或歪斜。

特別是在乾燥中很容易會產生裂痕，其中又以切口朝向內側延伸的形狀風險較高。通常黏土會由邊緣開始逐漸乾燥，而乾燥產生的收縮會拉扯到尚未乾燥的部分，造成較脆弱的部分裂開，形成裂痕。

乾燥過程中，因為收縮率的差異，形成朝向外側的拉扯力量。

裁切部分出現裂痕的皿板。由於邊緣與中心部（切口部分）的乾燥速度不同而產生的收縮落差，朝向左右拉扯，形成裂痕。

切割成圓弧避免裂痕發生

如果切割成銳角的話，容易裂開造成裂痕。

若想要裁切出形狀時，將邊角稍微切割成圓弧形狀會比較不容易裂開，可以減輕不良品發生的風險。

確實地壓緊，避免裂痕

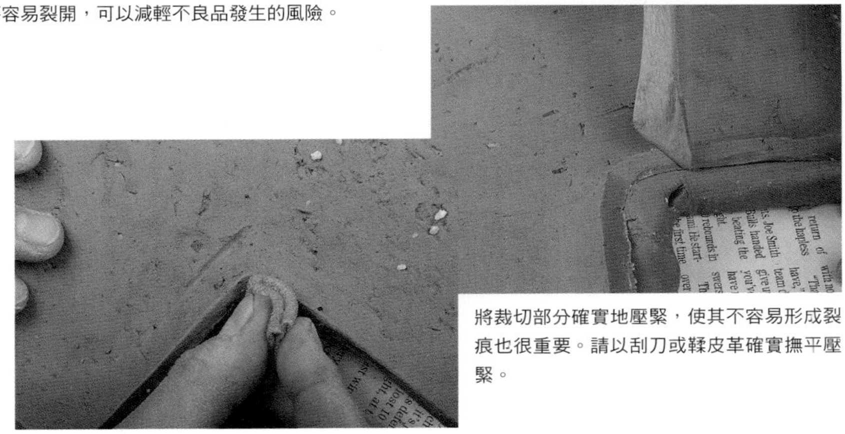

將裁切部分確實地壓緊，使其不容易形成裂痕也很重要。請以刮刀或鞣皮革確實撫平壓緊。

28 以發泡隔熱材製作土板用的模具

使用模型的土板成型法

如果想要讓皿板的形狀及彎弧確實地製作整齊時，可以使用模型。此外，使用模型的話，像只是手持邊緣拿高就容易翹曲的「底部到頂端角度較淺的碟盤」，就可以由背面在腰部堆上黏土，避免翹曲發生。

通常陶藝的模具會以將石膏倒入黏土原型的方式製作。使用石膏除了可以盡可能重現細微的細部細節之外，還能恰到好處的吸收水分，讓模具與黏土好分離，不易沾黏。

預先將棉布纏繞在敲打板上，可以改善將土板按壓在模具時的黏土沾黏狀況。

發泡隔熱材的模具

然而，使用石膏製作模具需要技術，也需要耗費不少工夫。如果只是要製作簡單的模型時，可以使用「發泡隔熱材」這種建築的隔熱材，比較方便。發泡隔熱材可以用美工刀就能簡單切割，以專用的接著劑也可以黏接組合。

但因為不會像石膏那樣吸收水分，所以需要要纏繞一層薄紗布來防止黏土的沾黏。

發泡隔熱材製作的長碟盤模具

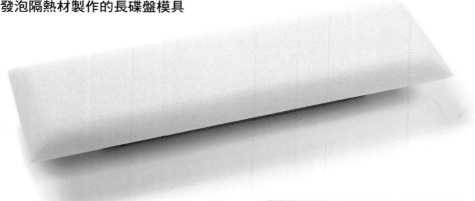

〈製作模具所使用的材料及道具〉
①發泡隔熱材、②口罩、③發泡劑用的接著劑、④美工刀、⑤紅筆、⑥砂紙（400 號）

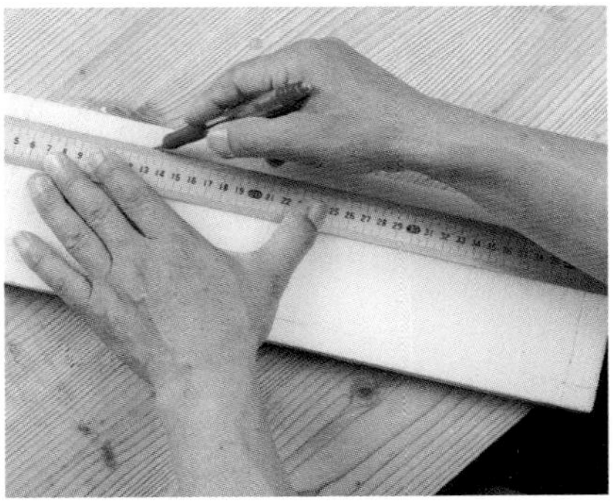

① 將發泡隔熱材裁切成大略的形狀，然後再以紅筆標記位置參考線。

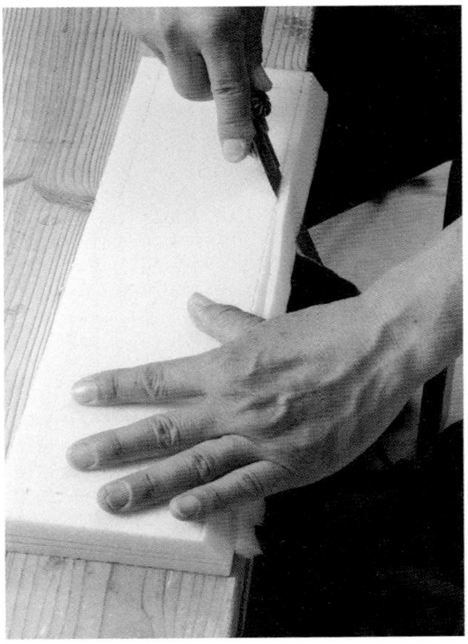

② 接下來，以美工刀裁切成立體形狀。美工刀要以琢面的要領裁切成直線，之後製作曲面時再以砂紙研磨的方式進行。

③ 將細砂紙（400號）捲在板狀的木片上，一邊想像碟盤的彎弧，一邊將碟盤的內側部分磨削出來。

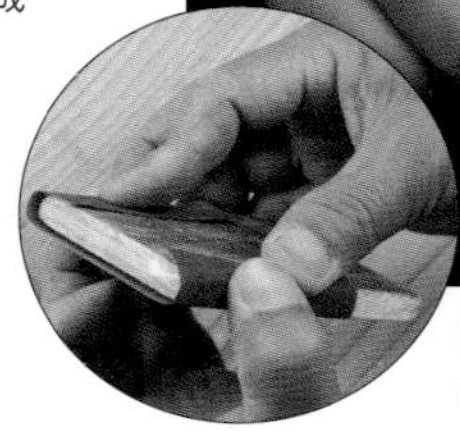

將砂紙捲在板狀的木片上，會比較方便磨削作業。

加上腳架後可以墊高模具，使得後續的壓模作業較方便進行。

④ 使用發泡隔熱材專用的接著劑來製作腳架。將腳架的部品裁切出來，然後在接著面積塗布接著劑。再將腳架配置於模具的背面，接著固定。

⑤ 纏繞薄紗布，以改善黏土沾黏的狀態。纏繞時請注意表面不要形成皺摺，完成後用橡皮圈綁緊固定。

29 放置沙包當作重石，防止在乾燥過程中形成翹曲

避免皿板形成翹曲

土板成型的皿板，因為腰部沒有厚度的關係，屬於中心部容易形成翹曲的構造。

雖然會因為形狀及大小而有所不同，但翹曲原因大多是在乾燥中底部到頂端的彎弧角度維持不變，但邊緣整個下沉造成。為了要避免這種現象，就必須要在碟盤的中心放上重石。

此外，乾燥過快的話，也會因為收縮的落差而產生歪斜，所以要用報紙這類的材料將作品包覆起來，盡可能慢慢地乾燥。

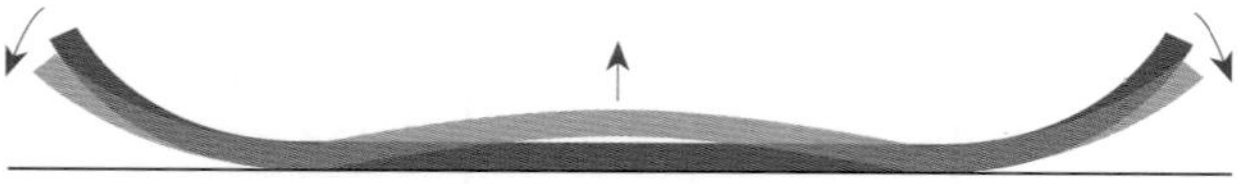

製作砂袋

將矽砂或細緻的砂粒放入較厚的塑膠袋，確實綁緊開口。然後再包上一層布。

成型後，輕輕地放上與碟盤大小相符的砂袋，維持這樣待其乾燥。

預先準備素燒的重石

素燒的重石也非常好用。除了重石的功能之外，素燒還可以吸收水分，也可以形成間隙，幫助加快乾燥。先將黏土揉成圓球，再將其中一面按壓成平坦來自行製作重石。預先準備各式各樣的大小尺寸，使用起來會更加便利。

各式各樣大小尺寸的重石。

在皿板上均勻配置，避免發生翹曲。

Chapter 02 轆轤成形篇

30 轆轤拉坯的步驟：「取土」→「製作基底」→「拉坯」→「塑形」→「製作口緣」→「切取」

熟悉步驟，提升拉坯效率

轆轤的拉坯方法並非只有單一種。除了國家及產地習慣的不同之外，陶藝家本身的拉坯方法也是各有不同。不過，這也只是手的碰觸方式及施力方式的不同罷了，將黏土材料向上拉坯的這個作業是各地都一致的。

雖說轆轤成形是適合量產的成形法，但也並非只是加快拉坯速度就好。一般而言，所謂的「拉得好的轆轤」，指的是沒有多餘作業的轆轤成形。請以黏土的特徵與作品彼此搭配合宜的轆轤拉坯為目標吧。

這裡會以製作碗為範例，依照各步驟來為各位介紹各項作業的目的以及其方法。

※這裡使用連續移坯，轆轤順時針旋轉的製作方法。

① 取土

（取出所需黏土量的作業）

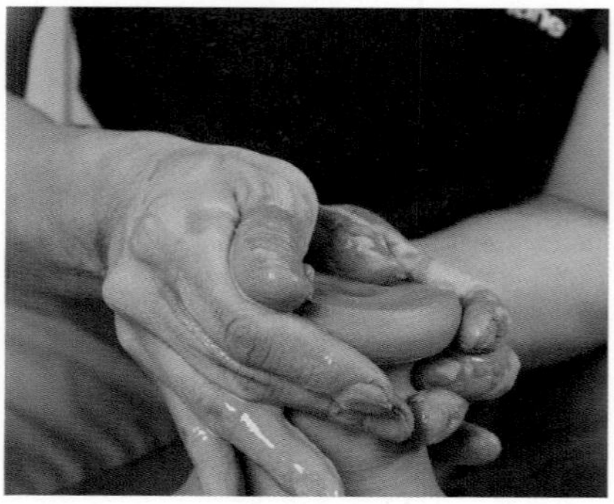

再練土（定圓心）結束後，將上部調整成想要的大小（比圈足稍微大一些的尺寸），然後再加工成下凹約2公分。

▼

② 製作基底

（拉坯前的基底製作）

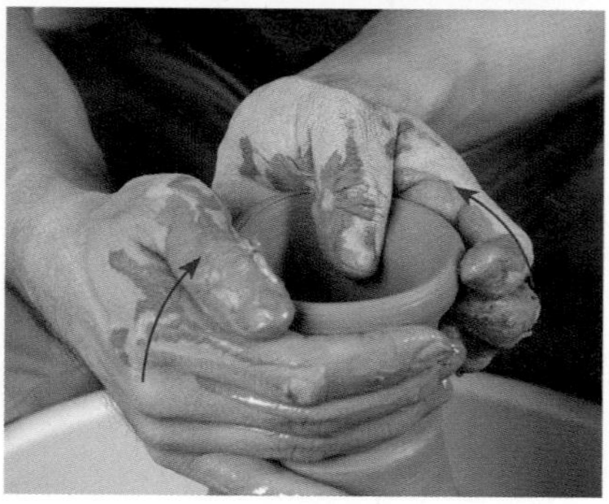

中心用拇指壓至凹陷，進一步將內底部擴張。拇指在口緣部施力，如同自兩側邊朝中間包覆一般向上方移動。

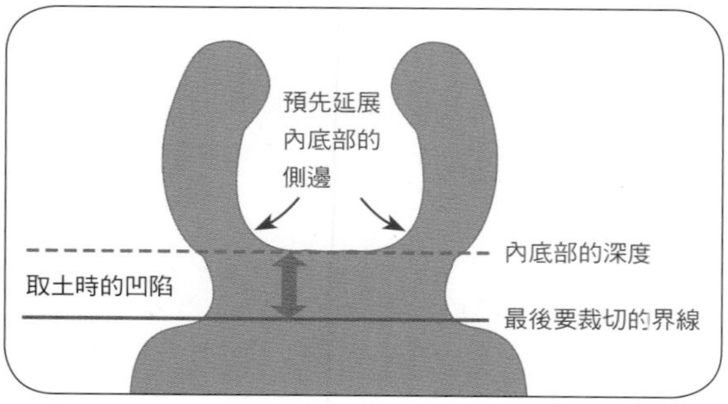

③ 拉坯

（朝向口緣方向直線的拉坯）

兩手交握，內側以右手中指，外側以左手中指抵住後，向上拉坯。分成數次製作成想要的厚薄（高度）。

※這個時候只是將厚度減薄，先不製作出彎弧，直線拉坯即可。

④ 塑形

（加上彎弧，將形狀修飾出來）

在內側以手指或弧形板抵住側邊，製作向外側凸出的彎弧。一邊確認形狀，一邊將凸出形狀一點一點修飾成想要的形狀。

⑤ 製作口緣

（將口緣收緊，修飾成想要的形狀）

將鞣皮革覆蓋在口緣，一邊收緊，一邊將口緣製作出來。

切取

（收縮根部，切取下來）

以拇指及食指的前端按壓收縮根部使其變細（如果內側形狀變形的話，必須重新整型）。再使用線切，將坯體切取下來。

※如果根部收縮的尺寸不足，底面將會變大，拿起時容易變得歪斜。

31 取土的直徑與分量會決定器物的形狀

取土的重點在於直徑與分量

轆轤拉坯的第一個步驟就是「取土」，取土時的黏土分量會決定「作品的尺寸大小」，而取土時的「直徑」則會決定作品的內底寬廣度。這個取土的步驟如果做不好的話，就無法製作出心目中理想的作品。

轆轤成形的進階者可以只憑手的感覺就能量測出黏土的分量與直徑，但剛開始的時候，可以先用手指的關節及粗細來當作量測的參考。如果沒有自信的話，也可以使用尺規。

黏土的分量與作品大小之間的關係，可以實驗性的製作幾個樣本來確認。最理想的黏土分量是剛好勉強足夠完成製作的分量。

丼碗

一般的丼碗直徑約 10cm，取土厚度以 2 根手指分為參考。

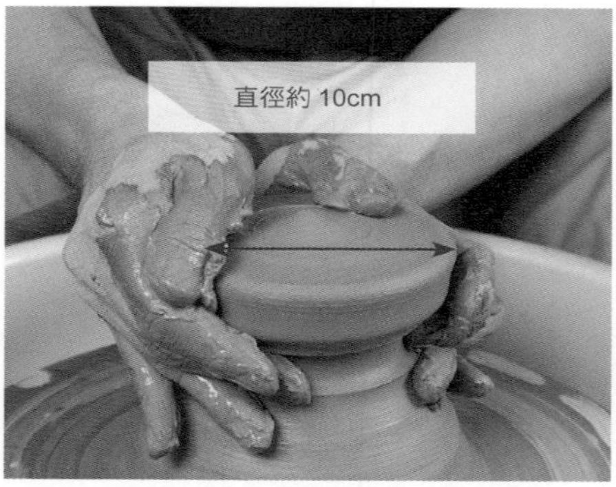

蕎麥豬口杯

一般的蕎麥豬口杯直徑約 5cm，取土厚度以一根手指分為參考。

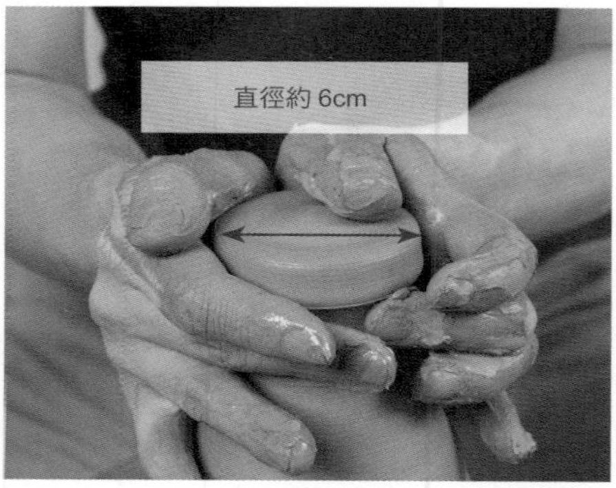

取土量的多寡並非考量口緣，而是要預想內底及腰部的厚度

製作碟盤時最常發生的失敗是取土的直徑過窄，造成腰部下沉或垂落的現象。反過來說，也有內底較狹窄的器物，取土卻過於寬廣，導致腰部過度厚重的情形發生。

一般都會比較容易在意器物完成後的直徑，但其實把握「取土的直徑」、「內底的寬廣度」與「腰部的厚度」之間的關係，對於轆轤拉坯來說更是重要的事項。

取土時要以器物的內底尺寸為印象

此外，取土時的直徑，與其說會影響口緣的寬廣度，不如說會對「內底的寬廣度」產生決定性的因素。舉例來說，相同直徑的圓形鉢與平坦的盤子，鉢的內底較小，所以取土要較小，盤子的內底較寬廣，所以取土必需要較大。同時，兩者取土的黏土量也會有所不同。

七寸盤

一般的和食器皿的七寸盤直徑約 16cm，取土厚度是以一根手指分為參考。碟盤類的西餐食器會更加寬廣，取土直徑約 20cm。

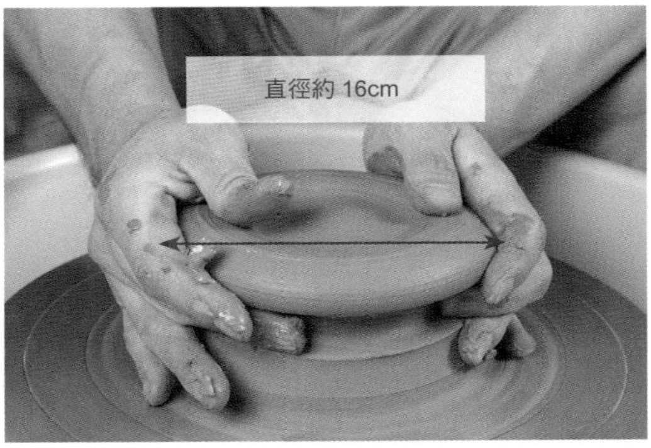
直徑約 16cm

32 向上拉坯時，要用指尖的指腹來按壓並收縮向上抽高為印象進行

「向上拉坯」＝「收縮向上抽高」

在說明轆轤拉坯的時候經常會出現「向上延伸」這樣的說法，可能會容易引起誤會，實際上這個動作指的並非是將黏土延伸加工，而是「以指尖夾住並壓迫黏土，於是該部位會變得細薄，而黏土會被趕到上方，因此才會造成愈來愈高的結果」。因為這個受到擠壓向上的狀態是連續發生的關係，所以才會呈現出看起來「向上延伸」的狀態。

也就是說「以指尖壓迫，一邊縮小尺寸，一邊向上抽高」的說法比較恰當。

與其說是點，不如說是以面來碰觸

接下來請讓我們把焦點放在手指的碰觸方式上。用來壓迫黏土的指尖的碰觸方式會影響能夠接觸到的面積。若將指尖立起，或是以橫向的狀態碰觸黏土，按壓面積就會變得較細小；以指尖的指腹碰觸黏土，或是將手指以縱向抵住黏土，就能夠一次接觸到較寬廣的面積。雖然這幾種方式都能夠以轆轤拉坯塑形，但拉坯的風格和拉坯的速度就會完全不一樣。

將指尖立起，以較小的面積進行拉坯的話，轆轤紋會變得較為細小，而且拉坯向上抽高時的移動速度也會變得較為緩慢。如果想要加快拉坯向上抽高的移動速度，就必須加快轆轤旋轉速度，如此便容易形成較僵硬的轆轤紋。

另一方面，若將手指擺成縱向直立的方式，就能夠碰觸到較寬廣的面積，因而呈現出較和緩的轆轤紋。除此之外，也因為一次能夠壓迫到的面積較寬廣的關係，可以加快拉坯的速度。

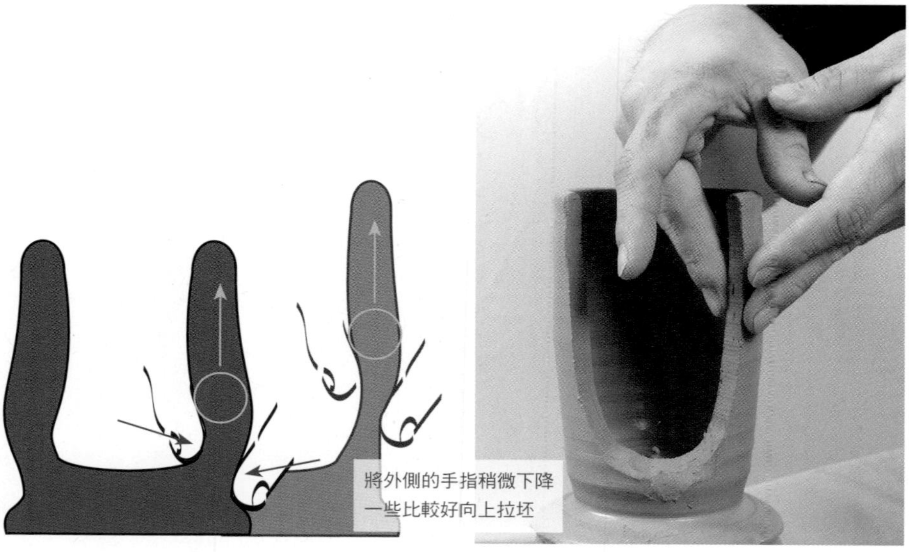

以指腹夾著黏土，施力壓迫，接著以由後方追趕著向上逃去的黏土般的感覺向上拉坯。

作為裝飾而刻意形成的轆轤紋

是否要呈現出轆轤紋，要依據器物的氣氛及土味來決定。創作物這類外形俐落的器物，沒有轆轤紋看起來比較合適，但如果是要以粗糙的黏土呈現出野趣氣氛時，搭配大膽的轆轤紋也很不錯。
無論如何，是否要呈現出轆轤紋必須要更具備目的性。

向上拉坯時產生的轆轤紋。既細小而且過於的醒目。

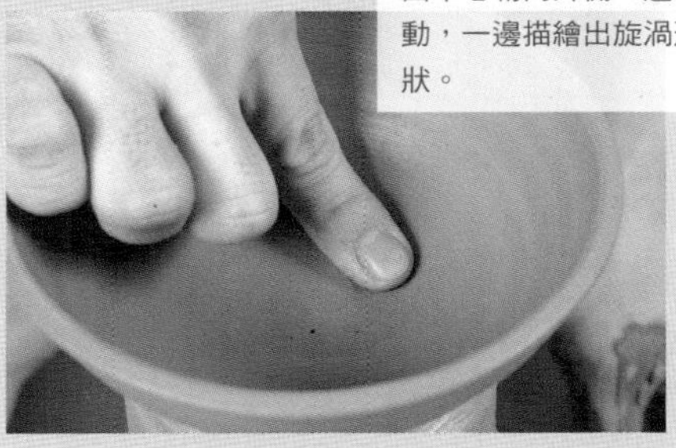

慢慢地轉動轆轤，指尖由中心朝向外側一邊移動，一邊描繪出旋渦形狀。

拉坯後刻意加上較大轆轤紋的範例。給人較為悠閒的氣氛。

臨機應變來區隔使用

以我個人來說，建議採用後者將手指縱向直立的方法拉坯，然而視作品不同，也有無法只靠一種方法拉坯的情形。舉例來說，高度較高的筒狀或是壺狀器物，因為拉坯的位置也會較高的關係，受到物理構造限制，只能將手指擺出橫向的狀態，才能碰觸得到想要施力的部位。

學習足以讓我們能夠臨機應變運用的技術也很重要。

手指以橫向碰觸黏土時的轆轤紋

指尖與黏土的接觸面積較小，所以轆轤紋也較細小。

手指以縱向碰觸黏土時的轆轤紋

因為與黏土接觸的面積較寬廣，所以會形成較和緩的轆轤紋。

33 轆轤的難易度與手指及手臂關節的長度有關係

基本是圓筒狀拉高

轆轤的練習方法會依照指導者的不同而有所差異。一般而言會由較小的器物開始練習，再循序漸進製作較大的器物。

雖說像大盤、大壺或茶壺這類器物拉坯時需要使用到特別的技術，但基本上拉坯就是以「圓筒狀拉高」的技術。甚至可以說「轆轤的技術」＝「圓筒狀拉高的高度」也不為過。這個圓筒狀拉高的困難度，會受到手指及手臂關節的長度影響。也就是說，視內側要深入到關節的哪個位置來拉坯，難易度也會隨之上升。

最簡單的是，圓筒狀拉高到「拇指的長度」為止的小型器物。高度比拇指更低時，因為可以用兩手拇指相互支撐來進行拉坯，因此手勢較容易維持穩定。

高←難易度→低

到手腕為止的高度（製作範例：啤酒杯）

因為無法以拇指固定的關係，稍微有些不穩定，不過因為手腕可以彎曲，所以可以坐著拉坯。

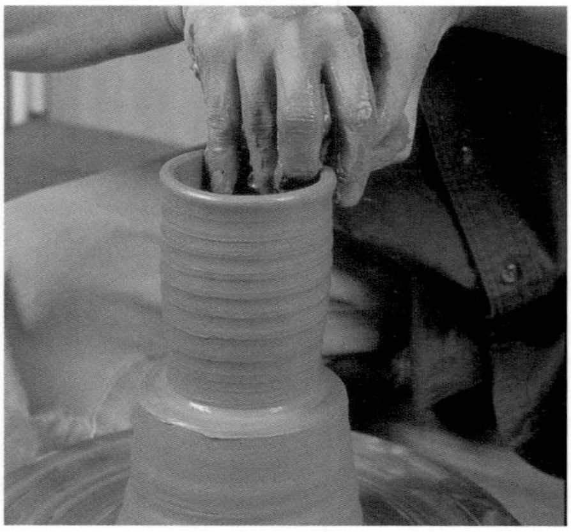

拇指的高度（製作範例：茶杯）

因為可以用拇指支撐，兩手交叉組合拉坯，所以不易抖動，姿勢穩定。

接下來是高度到手腕為止的啤酒杯。直到這個高度，還可以彎著手腕來進行拉坯。更困難的是高度到手肘的圓筒狀器物。因為必須要伸直手腕進行拉坯的關係，所以作業時身體必須得打橫傾斜。

大壺除了必須將手肘伸直拉坯之外，還必須得要站起來作業，是轆轤成形當中最為困難的製作法。

到手臂（腋下）為止的長度
（製作範例：大壺）

將手臂伸入內側到手肘為止進行圓筒狀拉高時，因為必須站立拉坯的關係，姿勢不易維持穩定。

到手肘為止的長度
（製作範例：花器）

因為手腕無法彎曲的關係，身體必須維持要打橫傾斜的姿勢，無法將手臂筆直放入內側。

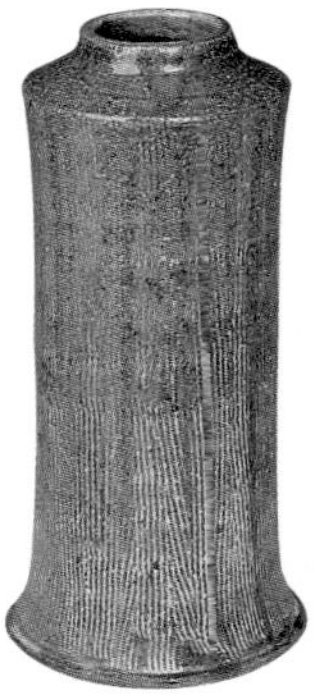

34 將甜甜圈狀的黏土充分再練土後拉坯成形為大盤

熟練後可快速製作的碟盤拉坯法

較小的碟盤可以使用連續移坯的方式來拉坯，但某種程度較大尺寸的碟盤（24公分以上），因為在拉坯完成後移坯拿高的時候容易造成歪斜，所以要在木板上一個一個拉坯，完成後連同整個木板移坯。

使用木板拉坯較大尺寸碟盤時，先在中心開孔後，再將周圍附近的甜甜圈狀的黏土再練土，使土質均質化。因為黏土塊過於平坦的關係，要像連續移坯法那樣將整塊黏土一起再練土相當困難。

在熟練這個方法前，可能會感到作業起來困難，但只要練熟了這個方法，就能夠大幅加快較大尺寸碟盤的轆轤拉坯速度，而且外觀也會更加漂亮。

將甜甜圈狀的黏土再練土後拉坯製作淺碟

※ 龜板的接著方法請參照第 21 頁

① 將木板以黏土接著在轆轤的中心。以濕潤的抹布劃圓，標示出放置黏土的參考位置。

② 將約 2.5kg 的黏土揉捏成圓盤狀，定位在木板上。以手掌拍打，使黏土變圓擴張成直徑約 25cm。進一步拍打中心，製作出直徑約 18cm 左右的凹陷（底的厚度約2cm左右）。

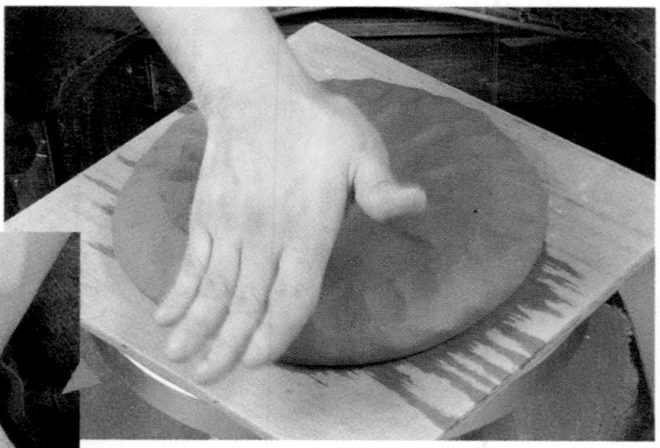

③ 將外圈周圍根部用手指按壓成正圓形。

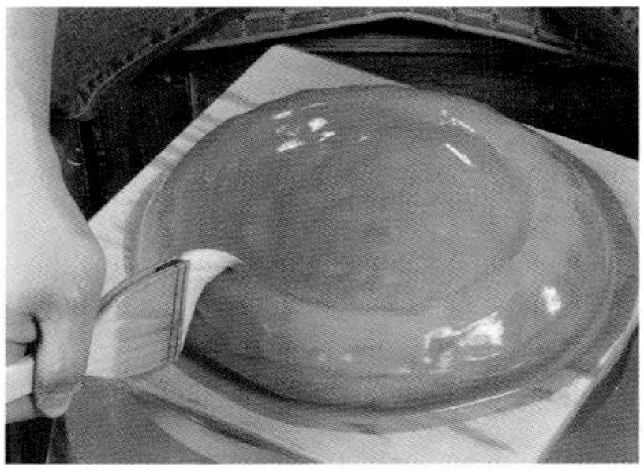

④ 整體用刷毛沾濕，使表面更加滑順（如果又變得不滑順，再用刷毛沾濕一次）。

⑤ 將抹布緊密折疊起來當作弧形板使用。用兩手確實地按壓黏土勿使抖動，將中心的凹陷部分整理形狀至平坦。
當底部變得平坦後，再將內底部位向外擴張。這個時候，左手中指要抵住外圈周圍來整理形狀。

⑥

以抹布包住堆高到外圈周圍的黏土，一邊壓緊並一邊讓黏土均質化，使其與周圍融為一體。

重覆⑥～⑦的步驟進行再練土

⑦ 按壓使黏土擴張後，夾住兩側邊向上抽高。重覆⑥～⑦的作業使黏土更加均質化並與周圍融為一體。當黏土都均質化後，再練土就完成了。

※ 拉坯成型的作業方法請參照第 55 頁

35 連續移坯或是單次拉坯，要視底部的直徑與大小而定

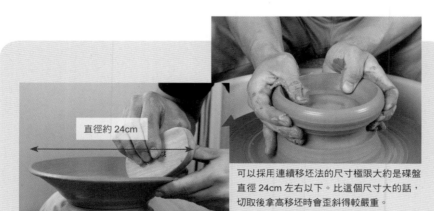

拿起時是否會產生歪斜

將較大黏土塊再練土後由上方拉坯的方法稱為「連續移坯」，而一塊黏土只拉坯一件的方法稱為「單次拉坯（單個拉坯）」。至於要採用連續移坯或是單次拉坯法，得看拉坯完成後拿高移坯時是否會產生歪斜來判斷。因為切割下來的斷面愈寬廣愈容易歪斜，所以像較大尺寸碟盤這類器物，要採用放在木板上拉坯的單次拉坯法。

雖然說土坯的厚度與黏土的質地、內底的寬廣度不同也會造成差異，但基本上只要是24 cm以上的碟盤都採用單次拉坯法應該就沒有什麼問題。

但若是內底較狹窄的碟盤，或是根部縮小尺寸內凹等底面積較小的碟盤，因為即使拿起也不易產生歪斜，所以採用連續移坯法也可以。

只要移動時不會產生歪斜，就可以採用連續移坯法

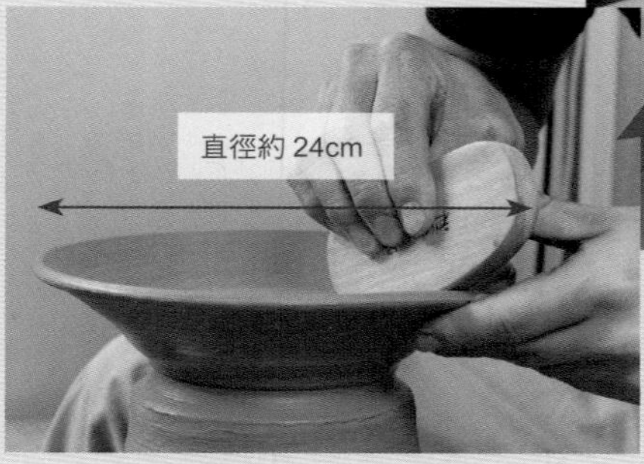

可以採用連續移坯法的尺寸極限大約是碟盤直徑 24cm 左右以下。比這個尺寸大的話，切取後拿高移坯時會歪斜得較嚴重。

一般而言，直徑在 24cm 以上的作品要放在木板上採用單次拉坯法。

36 碟盤拉坯時，腰部要保留較多的厚度

拉出漂亮彎弧的重點在於腰部

並非所有的器物都是以拉出平均且較薄的坯體為理想形狀。視拉坯完成後，要修飾完成為何種形狀，進行厚度的調整也很重要。舉例來說，像德利酒器這類的袋物器具因為使其膨脹隆起的部分會變得較薄，所以如果要大幅度膨脹隆起加工時，隆起部分就需要預先稍微加厚一些。

碟盤的轆轤拉坯經常發生的失敗是在於「腰部垂落」，而造成這種現象的原因大多是因為腰部太薄所致。此外，腰部過薄時，彎弧也會變得不易連接順暢，讓外形也會看起來不佳。

至於要預先保留多少腰部的厚度，則要視口緣的傾斜程度而定。口緣愈是角度傾斜平坦的碟盤，腰部愈需要保留更多的厚度。反過來說，如果是像鉢盆那樣直立的口緣形狀，就可以拉成較薄的坯體也無妨。

拉坯抽高作業
碟盤在拉坯抽高時，腰部要預留較多的厚度。

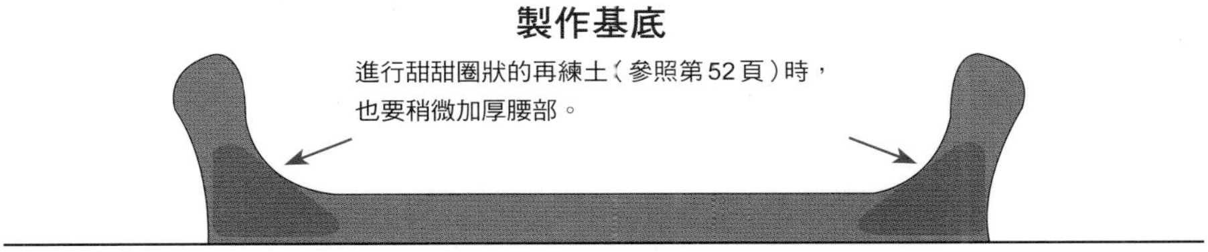
製作基底
進行甜甜圈狀的再練土（參照第52頁）時，
也要稍微加厚腰部。

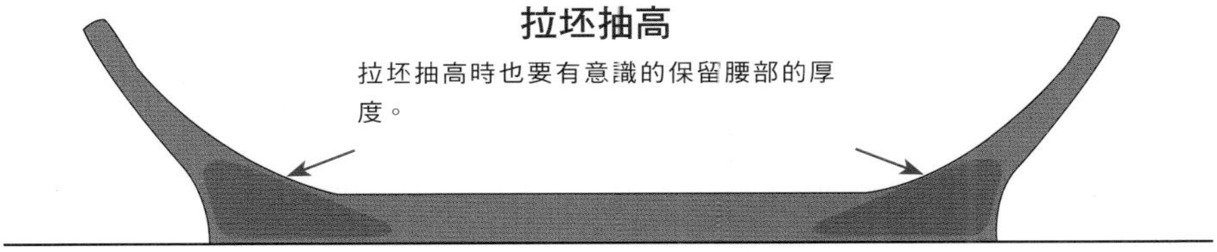
拉坯抽高
拉坯抽高時也要有意識的保留腰部的厚
度。

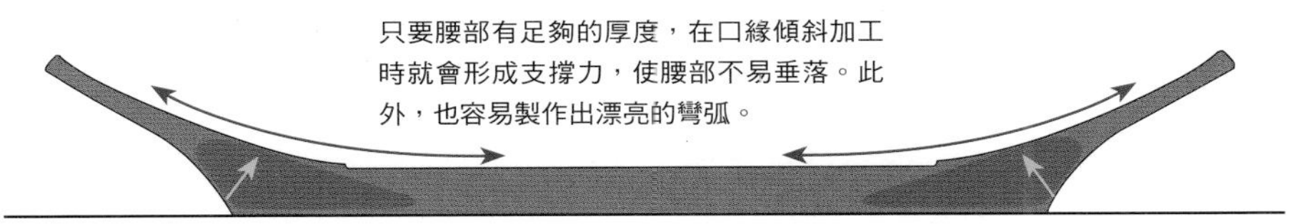
塑形
只要腰部有足夠的厚度，在口緣傾斜加工
時就會形成支撐力，使腰部不易垂落。此
外，也容易製作出漂亮的彎弧。

37 配合修坯的時機，調整成最佳的硬度

經常進行確認及養護

在轆轤成形法中與拉坯大致相同重要的是這個步驟。修坯技術當然很重要，但良好的乾燥管理，使得作業可以在最恰當的時機進行也是很重要的事情。是否能維持恰到好處的乾燥程度，不管在作業的速度上，以及修飾完成後的美觀程度，都會呈現出很大的差異。

乾燥的方法視天氣狀態、濕度、室內的環境而各有不同。要根據經驗去判斷所處環境的乾燥狀態，並配合作業時間進行控制。此外，讓作品整體都維持相同的乾燥狀態也很重要。

避免口緣與底部的乾燥程度不一

當口緣不再沾黏，稍微變硬後，要盡快地翻至背面。

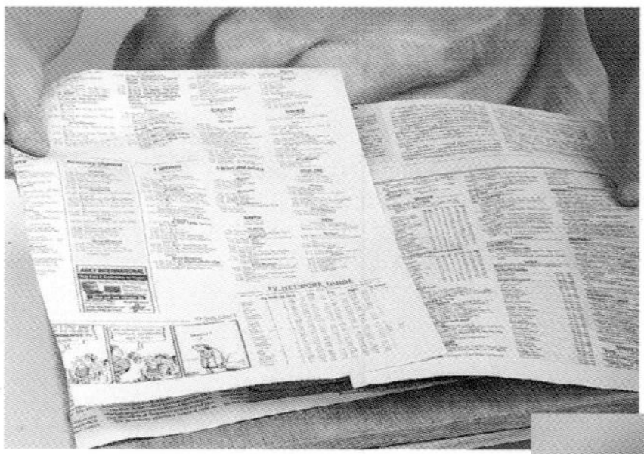

稍微減緩乾燥速度

如果只想要稍微減緩乾燥速度的話，可以將報紙覆蓋在作品上。這個時候，如果沒有將作品整個包覆起來，就會容易造成乾燥不均，請多加注意。

延遲乾燥的速度

用塑膠袋覆蓋在整個作品上，可以大幅度減緩乾燥的速度。如果希望進一步延遲乾燥時，可以將整個作品都放入塑膠袋中。

大盤要注意口緣的乾燥狀態！

較大尺寸的碟盤容易出現口緣與底面的乾燥落差。但因為黏土尚未變硬時翻至背面會造成形狀毀損，所以當口緣變得不再沾黏時，要在口緣處以覆蓋保鮮膜的方式來減緩乾燥速度。

38 以黏土作為接著劑，將素燒的修坯底座確實接著固定

修坯底座要確實地濕潤

修坯時使用的修坯底座在熟練後是非常便利的工具，但因為操作方法困難，相信敬而遠之的人也不少。

在這裡要解說不易鬆脫的素燒坯修坯底座的設置方法，希望能成為各位開始使用修坯底座的契機。請務必試著練習使用修坯底座的修坯方法。

素燒坯修坯底座請泡在水中至少 15 分鐘，使其充分吸飽水分。如果水分不夠的話，用來固定的黏土很快就會變乾而容易鬆脫。

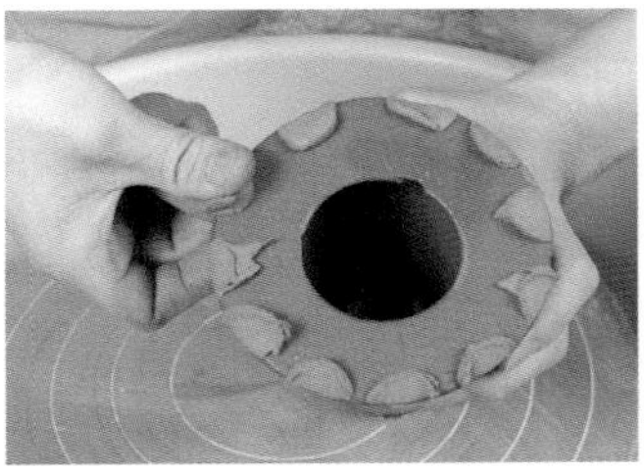

① 在飽含水分的修坯底座的底面黏上黏土粒。以相等間隔圍繞一圈。

② 將修坯底座對齊中心位置，按壓固定。按住修坯底座不使其移動，再將黏土條圍繞在根部。

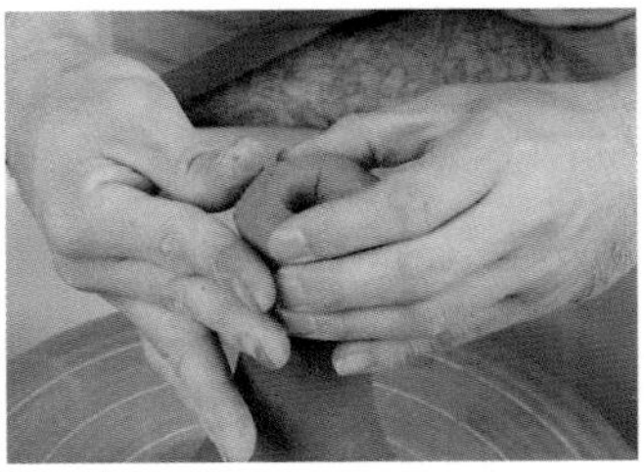

③ 前端也圍繞黏土條接著固定。

④ 以線切弓整齊切割成水平高度。

不使用時，經常要覆蓋濕潤的抹布以免變得乾燥。

變得稍硬時，以濕潤的抹布包覆

如果作品變得稍微有些過硬而鉋削不易，可以用擰乾的濕抹布包起來，這樣就會稍微變得軟化。不過如果是已經乾燥過度的作品，吸收水分後有可能造成形狀崩毀，請多加注意。

39 大盤在修坯後要架上支釘，避免坯體下垂

鉋削加工後的黏土仍然會有變動

因為是在半乾燥的狀態進行修坯，常會誤以為直接就等其乾燥收縮即可。實際上黏土還是處於容易變化的狀態，所以依據作品的形狀，必須要採取相應的對策。

特別需要注意的是圈足寬廣的較大尺寸碟盤，有時會發生底面慢慢地向下垂落的現象。加工後裝上支釘可以防止垂落發生，但如果沒有注意到支釘的高度，有可能會發生反而將底面頂高，或是仍然發生些微垂落的現象。同時也要注意不要使用尺寸過大支釘。

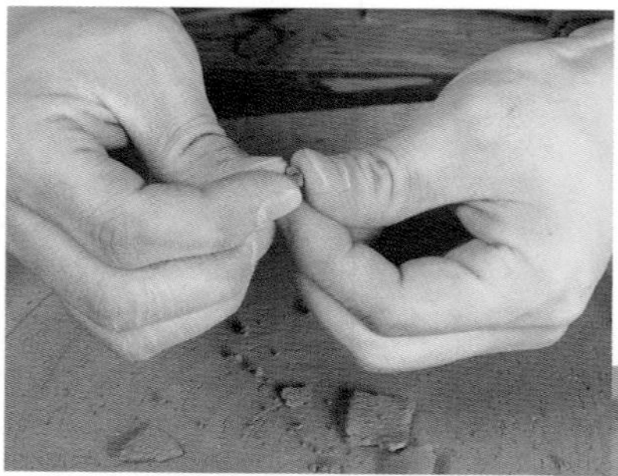

為了讓八角板覆蓋其上時容易壓扁，需要先讓支釘的前端呈現尖銳形狀。如果支釘尺寸過大，或是前端為圓形且堅固的話，器物的底部可能會被頂高。

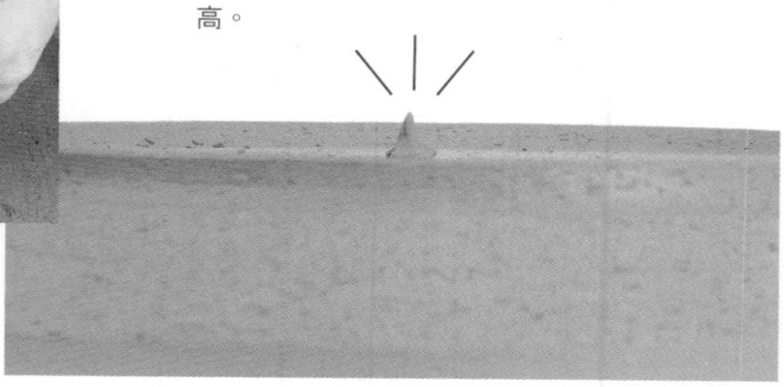

① 以較軟的磨削碎屑，製作成高度比圈足稍微高一點的小三角錐（支釘）。直立放置於圈足的中心。

被八角板壓扁的支釘。如此可以讓圈足與支釘兩者的高度相同。

② 覆蓋木板，將三角錐的前端壓扁。然後以木板夾住的狀態直接翻過背面，慢慢地待其乾燥。

大型碟盤要用報紙包起來，盡可能使其慢慢地乾燥。

Chapter 03

茶壺・土鍋篇

40 製作土鍋的重點事項

耐火黏土與低溫燒成

會直接接觸到火燄的土鍋，無法使用一般的陶藝用黏土製作。陶瓷器是藉由燒成將黏土變化成玻璃質的原理製作而成。如果將陶瓷器直接放在火上燒烤的話，玻璃成分會膨脹而形成裂痕。

土鍋用的黏土是一種添加了直接火烤也不易膨脹，稱為「葉長石」的長石類材料。此外，燒成溫度也只是較低的1200℃左右，因此土坯的燒成收縮性較弱，顆粒之間保留了遊隙空間。而這個遊隙空間在受到直接火烤時，可以發揮吸收膨脹的效果，使得土鍋不易裂開。

以土鍋裝盛湯豆腐。
將柚子醋沾醬倒入小鉢中溫熱

以土鍋專用的黏土製作，燒成溫度為 1200 ～ 1220℃。

土鍋用的耐火黏土有白土及紅土這兩種，大多含有約 40% 的葉長石成分。此外，燒成溫度要設定為 1200 ～ 1220℃，如果以高溫素燒的話，容易產生裂痕。

會受到直接火烤的部分不要施加釉藥較佳。

雖然依製造商而會有所不同，但土鍋用的紅土大多是著色成紫紅色。

接著牢固

土鍋因為會用來裝盛湯汁及食材的關係，比一般的器物要重上許多。因此，用來支撐的把手就必須接著得更加牢固才可以。

將接著面積磨出傷痕後再塗布泥漿進行接著。再使用細緻的黏土條來填埋間隙補強。

蓋子的大小

本體為了方便承載蓋子，要將口緣預先擴大。蓋子製作的尺寸要比本體的直徑小約 4cm 左右。

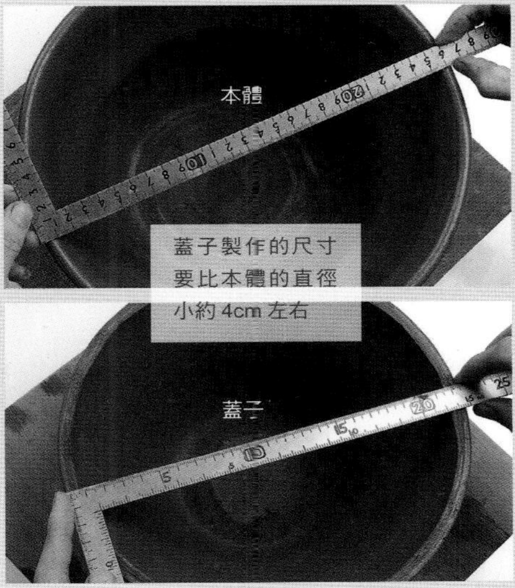
本體
蓋子製作的尺寸
要比本體的直徑
小約 4cm 左右
蓋子

燒成的重點

土鍋的蓋子與本體要個別進行燒成。藉由個別燒成的製作方式，本體的蓋架部分就可以施釉，後續使用時便不易污損。此外，蓋子以覆蓋方式燒成，不易形成歪斜。

因為蓋子是以覆蓋方式燒成， 口緣要先塗布撥水劑再行施釉。

因為想要將本體背面會受到直接火烤的部分做素燒處理，所以要先塗布撥水劑。

41

製作茶壺的重點事項

成型技術的複合技巧

茶壺是由許多的零件組合製作而成。各自零件的成型已非易事，又必須兼顧到組合時的形狀統整性。

本體是袋物器具，口緣要製作出蓋子的蓋架。流口及把手是逐漸縮小尺寸的成型方式，蓋子必須要符合本體開口的尺寸。蜂巢也需要仔細小心的作業。茶壺就是一種像這樣運用各種成型技術製作而成的器具。

使用的方便性也很重要

此外，因為茶壺是要放入茶葉與熱水，然後再將茶水倒出來的道具，使用的方便性也必須多加注意。

在這裡要為各位解說如何製作出方便好用茶壺的重點事項。

茶壺的零件有 5 個。請注意各零件的大小比例均衡。

一般製作茶壺是將 5 種零件組合製作而成。為了要在組合時有較佳的比例均衡，成型時請注意尺寸的大小匹配。

由左開始，蓋子、本體、把手、蜂巢、流口

蓋架及蓋子的製作方法

本體製作的重點事項在於蓋架的製作工程。通常會在成型的最後階段製作，如果因為太軟而不易製作時，可以等待稍微變硬之後再行製作。

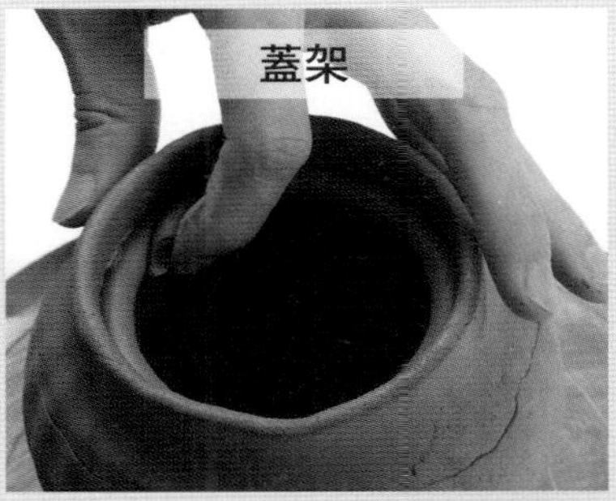

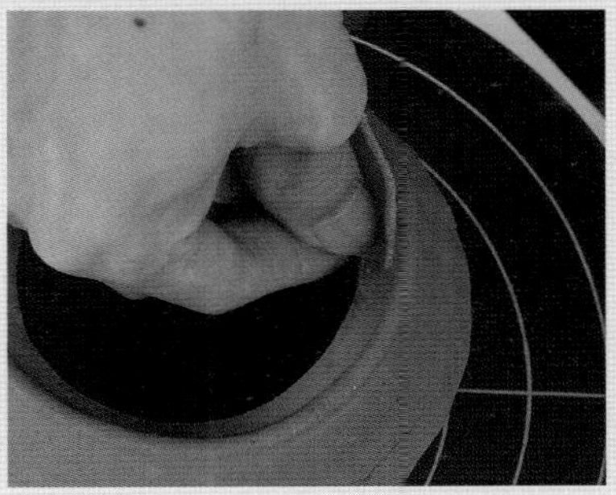

①先製作一條直徑5mm左右的細黏土條。在距離口緣約1公分下方標出位置參考線，使用濕潤的牙刷摩擦黏土表面後進行接著。用手指將接著上的黏土條壓扁，使其變得平整。

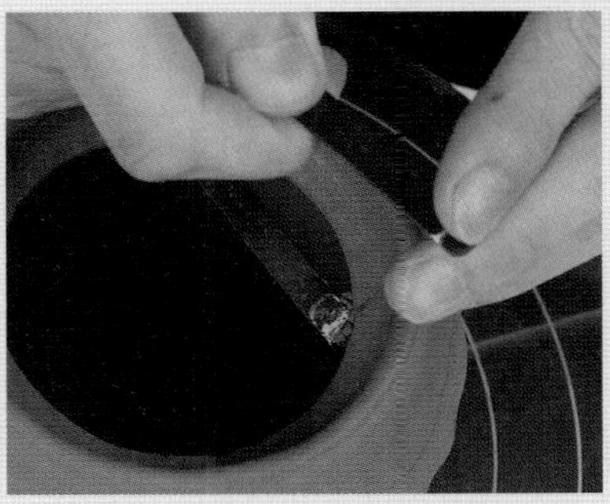

②將內側以線切弓切齊，使用鞣皮革撫平表面。

③量測口緣的內寸，預先記錄下來。

※內寸要在成型後立即量測

①捏取一塊黏土揉成圓形後，定位至手轆轤的中心。將邊緣捏塑成碟盤狀，量測直徑。如果比本體的內寸更大時，以線切弓裁切成與本體內寸相同大小。如過尺寸過小的話，追加黏土條進行調整。

②半乾燥後，翻至背面鉋削成圓形。製作適當大小的蓋鈕，接著於中央。最後要以打孔器（直徑3mm）製作一個讓蒸氣溢出的氣孔。

蜂巢與流口的安裝方法

製作茶壺最耗費工夫的就是製作蜂巢了。因為這是與流口一樣是會影響是否容易倒注茶水的重要零件，請仔細地製作。

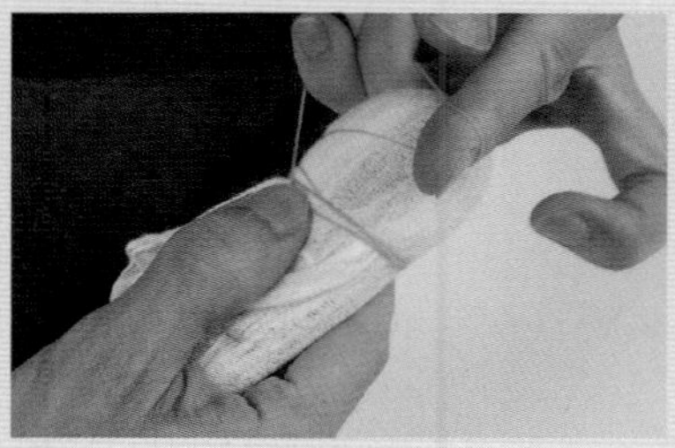
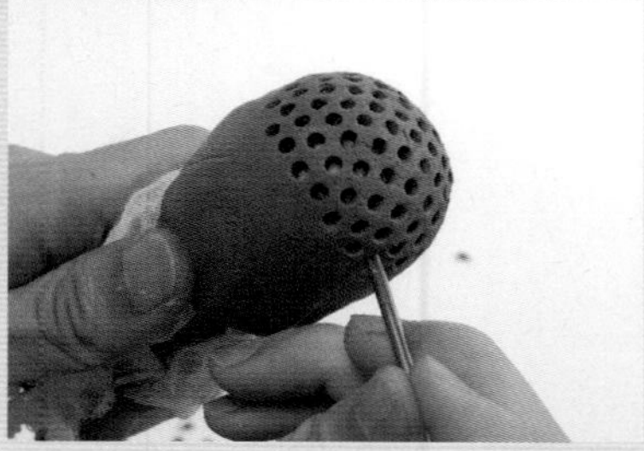

①將素燒製作的蜂巢模具（使用乳棒代用亦可）纏上紗布製作成緩衝材。覆蓋上延展成薄片的土，再以打孔器（直徑3mm）開孔。

②將流口的零件置於工作桌的邊緣。以線切弓切成約45度。

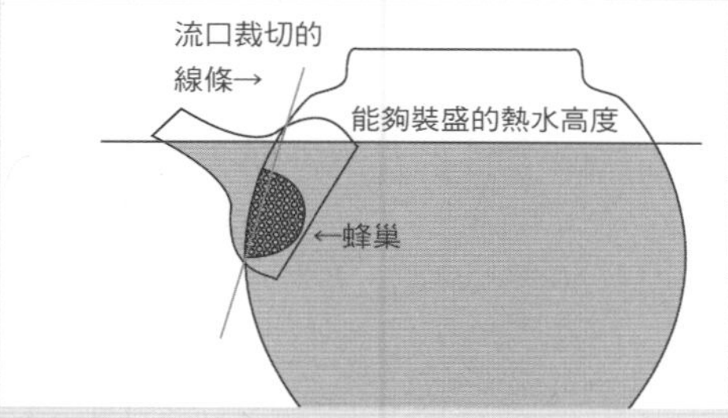
流口裁切的
線條→
能夠裝盛的熱水高度
←蜂巢

依據流口的高度，會決定能夠裝盛的水量。

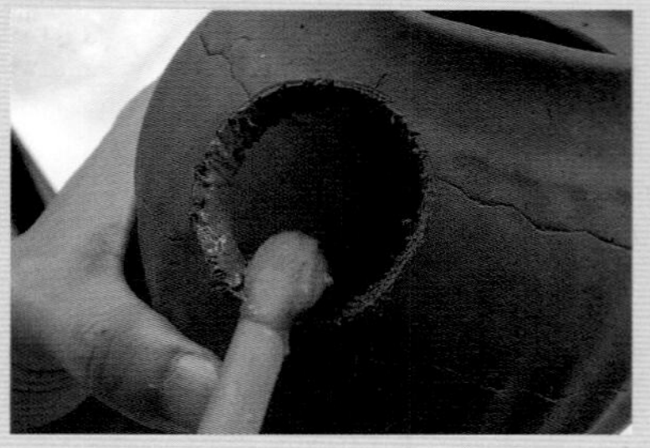

③打開一個裝入蜂巢的開孔。先在斷面製作出傷痕後塗布泥漿。

←如果裁切成水平的話就會容易形成間隙

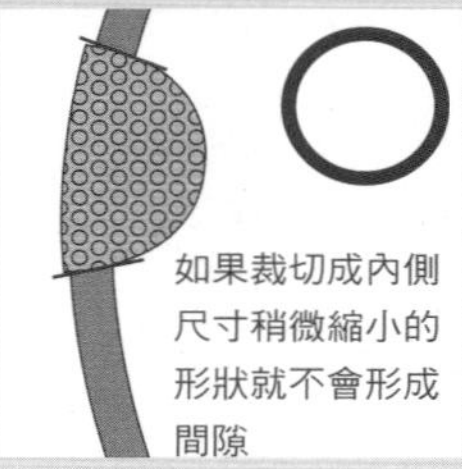
如果裁切成內側尺寸稍微縮小的形狀就不會形成間隙

④將蜂巢裝入開孔中，與斷面接著在一起。多餘的部分以劍型刀切除。

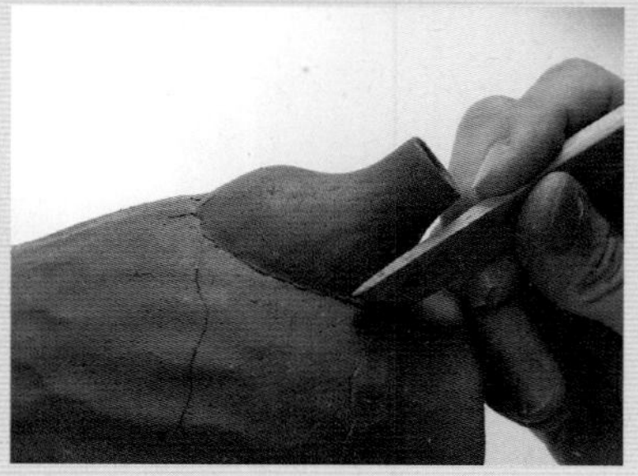

⑤在流口與本體的接著面積先製造出傷痕後再塗布泥漿。將流口接著後，填埋間隙並撫平表面。

把手的位置與安裝方法

最後要裝上把手。請先注意把手安裝的高度及角度再進行接著。

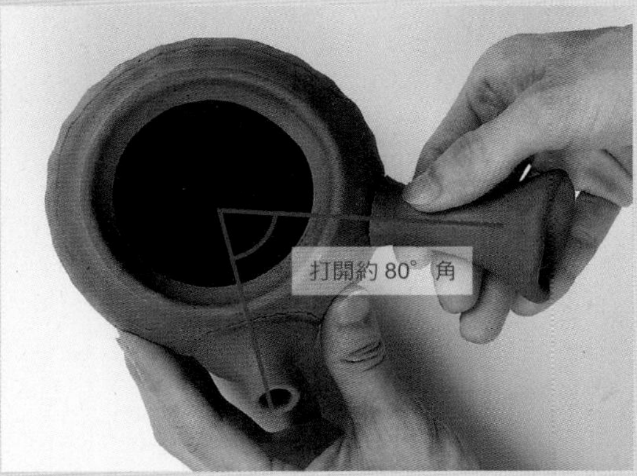
打開約 80° 角

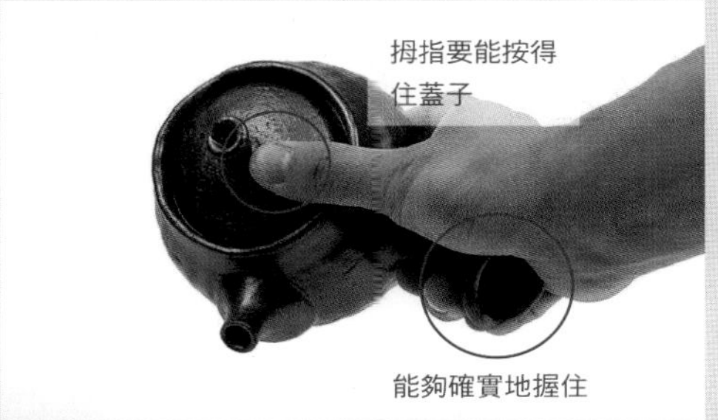
拇指要能按得
住蓋子
能夠確實地握住

為了要讓倒茶時手腕容易翻轉　製作成與流口的角度打開呈 80° 角。

此外，高度要製作成既能夠確實地握住手把，同時又要能夠按得住蓋子。

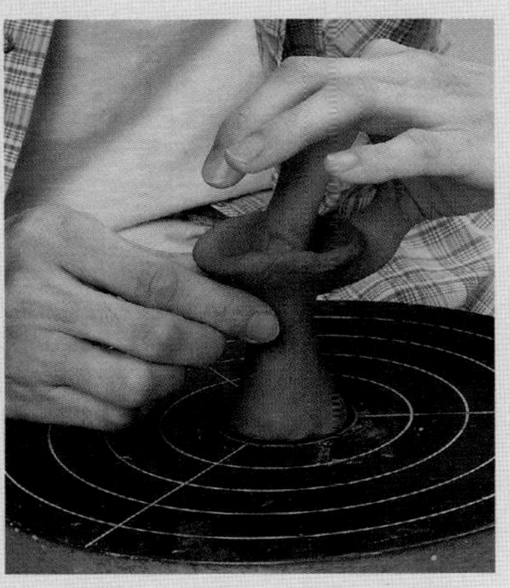

①

將細小的黏土條堆積成筒狀。中間的尺寸要向內收縮變細。同時要讓口緣張開比較方便持握。

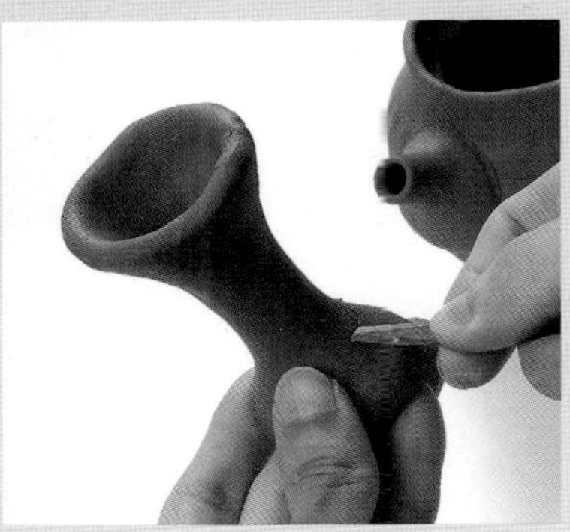

②

配合本體的大小裁切下來。試握看看，確認長度與高度是否符合設計。

③

先在把手與本體的接著面積製作出傷痕，再塗上大量的泥漿。

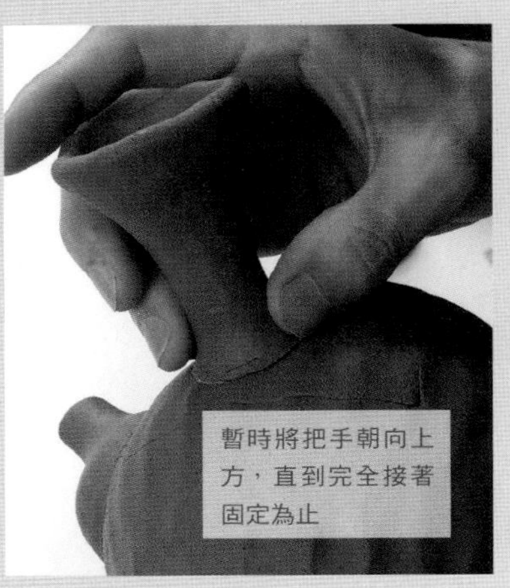
暫時將把手朝向上
方，直到完全接著
固定為止

④

一邊微調把手的角度，一邊進行接著。將間隙填埋後撫平表面。放置於修坯底座這類治具上，確保把手朝向上方。

※ 關於施釉的細節請參照第 117 頁

出現破洞時的修補方法

成型作業的失敗有很多是出現了「破洞」。特別是因為圈足的內側不易確認厚度，有可能會不小心修坯過頭。

然而，如果是通常的孔洞，除非土坯已經過於乾燥，大部分的情形都可以進行修補。修補的訣竅是「大膽地進行補強」。之所以會出現孔洞，很多時候是因為周圍的黏土也較薄的關係。所以不光是孔洞，還要在更寬廣的面積追加黏土進行補強。

由於剛追加的黏土與土坯相較之下會更軟，所以請先放置一段時間後再進行修坯作業。

1 不光是破洞部位，而是要以濕潤的牙刷磨擦整個圈足內側，然後塗上泥漿。

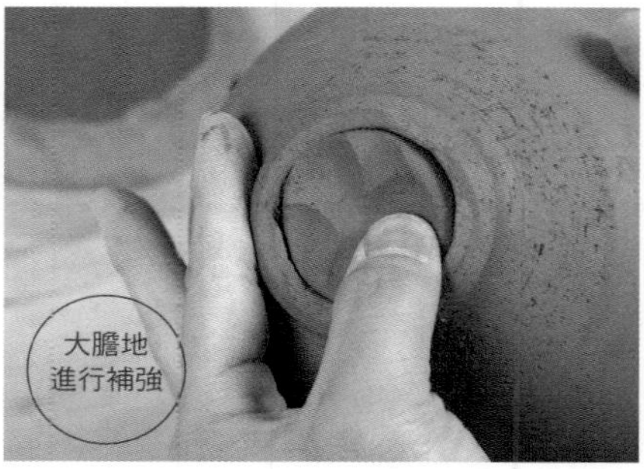

2 以手指由內側支撐，將較硬的黏土填埋入圈足中間。

3 以手指或是弧形板將內側的表面撫平。

▶▶ 稍待片刻使其乾燥 ▶▶

4 當追加的黏土乾燥至可以修坯加工的硬度後，重新進行修坯。

Chapter 04 瓷器製作篇

42 「瓷器」與「陶器（土製品）」的主要不同在於透光性

瓷器具備透光性

瓷器的外觀特徵是相較於陶器更白、更硬質、而且更平滑，然而最大的不同點是在「透光性」這個性質。所謂的透光性，顧名思義指的就是光線穿透的性質，這也代表了瓷器就是屬於玻璃質的意思。

陶器雖然也是黏土的一部分因為玻璃化而變得堅硬，但還有許多其他如氧化鋁及金屬這類的成分，沒有辦法讓光線穿透。

瓷器土是以可變化為玻璃質的「矽酸分」為主體的黏土，其他的成分也呈現白色，幾乎不含會造成顏色變的金屬類成分。

瓷器土原料「天草陶石」的原石

活用素坯的美麗

「白瓷」、「青白瓷」以及「影青瓷」…這類的瓷器作品大多是活用素坯的透亮美麗特性的作品。在表面施加彩繪的「青花瓷」及「色繪」，也是因為有了如此的白色素坯襯托而呈現出更加美麗的發色。

陶器所無法仿傚的瓷器獨特世界觀，也可說是這個素坯的魅力。

影青瓷的作品。在素坯上雕刻出來的凹凸花紋上施以青白釉後，釉藥堆積在有雕刻的部分，使得該處色調變得更深。

43 與土製品（陶器）稍有不同，製作瓷器的重點事項

瓷器的製作須避開污損

全白的瓷器即使只有些微的污損也很醒目。如果要在平常使用土製品黏土的場所製作瓷器時，必須要先仔細做好工作桌及工具的清潔工作才行。

容易歪斜

顆粒細緻的瓷器土相較於土製品的黏土，顆粒的稜角較少，具有不易固定的性質。因此，稍有不慎馬上就會出現歪斜或下垂。

以鉋削方式製作出形狀

瓷器因為難以製作出較薄的成型品，所以需要以鉋削工程來輔助將形狀完成。

如果無法準備瓷器專用的工作桌，也可以在桌上舖設瓷器專用的膠合板來代替。每次開始製作前，都別忘了要先以抹布仔細擦拭乾淨。

工具類盡可能準備一套瓷器專用的工具。特別是刷毛容易帶來污損，請絕對不要共用。

成型後，容易歪斜的作品請盡快地修補。左側的照片是以手做成形製作，經過琢面的杯子，但為了避免在乾燥中發生歪斜，所以拿一個較大的圓形燈泡放置於口緣上。

大部分的瓷器會在半乾燥的時候粗削，等變硬了之後再進行修飾的細削。
粗削可以使用陶器用的修坯刀來進行鉋削，不過變硬之後就要使用「超硬鉋刀（右側照片）」這種銳利好切的鉋刀進行鉋削。
※ 關於瓷器的鉋削細節請參考第 72 頁

44 以手做成形的方式成形時，也要製作成如同轆轤成形般的外觀

以轆轤拉坯的感覺製作

瓷器土由於沒有筋性，也不易接著，因此不適合手做成形。但如果是小型器物，下點工夫還是可以製作得出來。

因為不易接著的關係，避免使用土條成型，而要以土球成型製作。捏塑延伸的部分和土製品相同，不過因為容易歪斜的關係，厚度要稍微厚一些比較不容易失敗。

黏土延展後，要像轆轤拉坯那樣一邊讓坯體旋轉，一邊沾水整理形狀。如果水太少的話，瓷器土會沾黏在弧形板及手指上，請多加注意。

製作白瓷的飯碗

① 將 450g 的瓷器土揉成圓形，定位於轉盤的中心。用手指捏塑，朝向稍微斜上方延展。

② 以刷毛將水塗抹在整個內側與外側，增加滑順度。一邊旋轉轉盤，一邊用中指及拇指輕輕地夾住坯體，由內底朝向口緣移動，整理厚度。

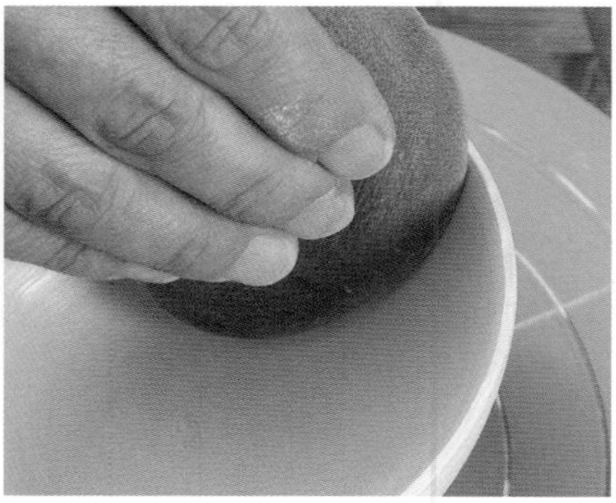

③ 厚度大致上整齊之後，用手指將彎弧呈現出來。某種程度製作出形狀後，使用弧形板將形狀漂亮的修飾完成。

45 瓷土的轆轤成形要降低1階段切取移坯

製作移動用的多餘部分

瓷土因為質地細緻、沒有筋性的關係，如果以土製品相同的形狀切取下來的話，會在移動坯體時出現歪斜。瓷土的轆轤成形要在土製品的切取位置再降低一階段的位置進一步縮小尺寸，在該處切取下來移動坯體。一方面具有減少放置坯體時的接地面，一方面也有減少拿起坯體時造成的影響的效果。

此外，修坯作業要分為半乾燥以及乾燥後2次進行會比較有效率。

※關於瓷器修坯的細節請參照第72頁

① 拉坯向上的厚度要比土製品更厚一些。

② 使用弧形板抵住內側，將形狀修飾完成。通常內側不鉋削，所以在這個時點就要修飾完成。

③ 最後要製作出下降一階段的向內收縮切取坯體的位置。以線切器切斷後，夾住最底部拿取坯體。

瓷器要以修坯方式將形狀修飾完成

一般都說土製品是以拉坯製作出形狀，而瓷器則是透過修坯將形狀製作出來。

瓷器在材料性質上，無法拉出較薄的坯體，但可以藉由修坯加工來修飾成較薄的，而且較俐落的形狀。

46 瓷土的修坯要分2次進行，較有效率

增加效率，形狀俐落

瓷土的修坯手感與土製品的修坯手感有很大的不同。半乾燥時的粗修可以與土製品相同感覺進行修坯，但修飾完成的本鉋削，因為要鉋削成較薄、較細微的關係，與其說是「鉋削」，不如說比較像是「鉋刀加工」的感覺。

半乾燥時修坯使用的是與土製品修坯時相同的「修坯刀」，但為了要能夠切進質地細緻的土坯，必須先將刀刃確實地研磨過。變硬的土坯，則要使用銳利的超硬鉋刀進行鉋削。

順帶一提，半乾燥的土坯以超硬鉋刀進行修坯的話，刀刃會深陷進土坯而不易鉋削。反過來說以修坯刀來修變硬的土坯時，刀刃會切不進去。

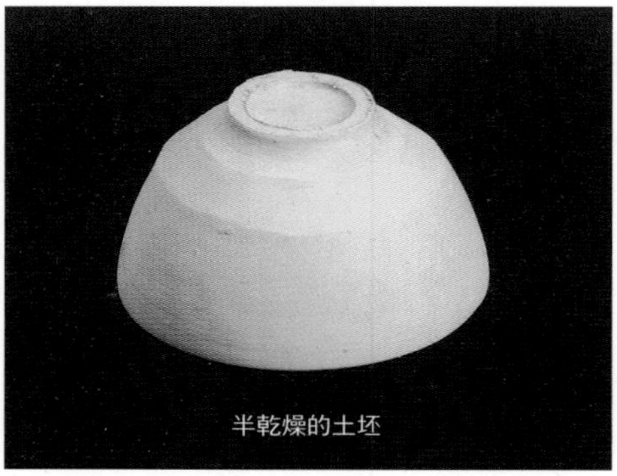
半乾燥的土坯

半乾燥時的粗削（使用修坯刀）

變硬到用手拿取也不會出現歪斜後，即可使用修坯刀進行粗削。在粗削的階段就修到接近修飾完成的狀態，後續的正式鉋削會較為輕鬆。

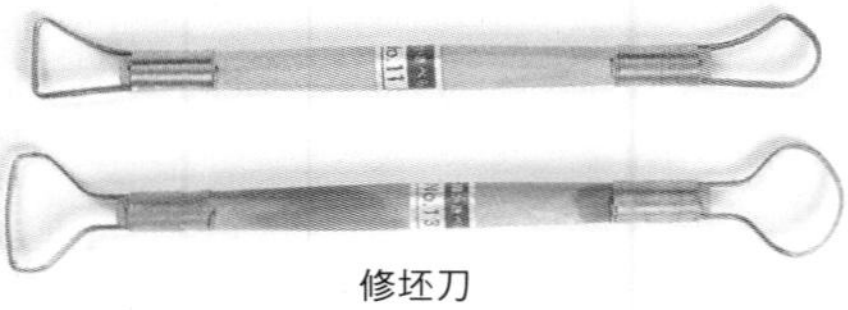
修坯刀

完全乾燥的土坯

乾燥後的正式鉋削（使用超硬鉋刀）

粗削完成後，等坯體完全乾燥再進行最後修飾的正式鉋削。因為是較薄且較細微的鉋削作業，需要耗費時間，請有耐心的鉋削，將俐落的形狀修飾完成吧。

超硬鉋刀

超硬鉋刀的種類

超硬鉋刀的刀刃形狀，配合不同用途，有各式各樣的種類。此外，若需要研磨保養時，建議委託專門的業者代磨。

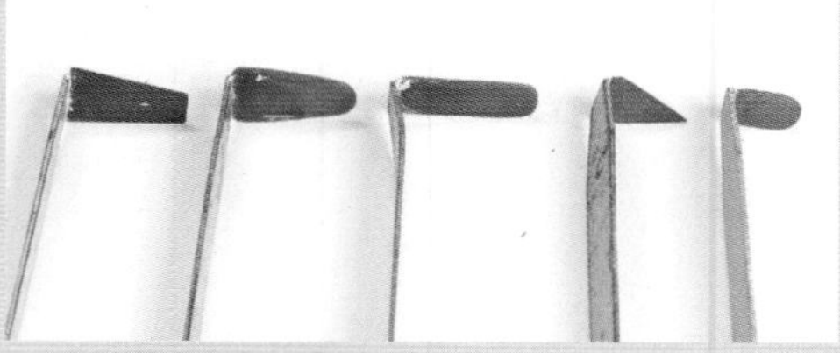

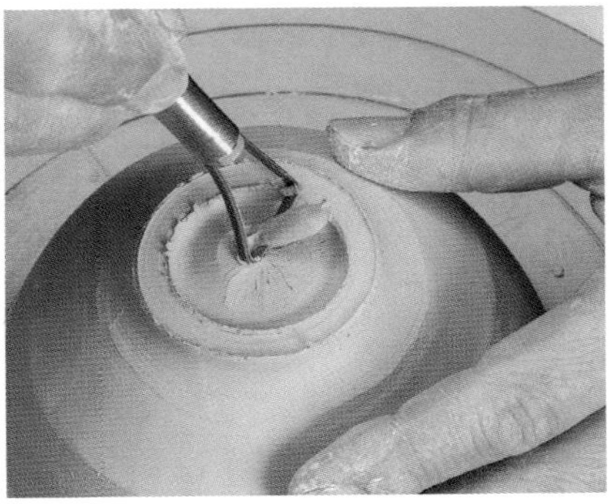

② 圈足的外側鉋削完成後，最後再鉋削內側。

乾燥後的本鉋削（手做成形的場合）

① 當素坯乾燥到變成白色，以瓷器土製作修坯底台（參照第19頁），覆蓋放置於中心。一邊旋轉轉盤，一邊用鉋刀抵住坯體鉋削。有耐心地薄薄的鉋削，將形狀修飾完成。將磨削屑的粉末一邊以乾刷毛掃除，一邊進行作業。

② 最後將圈足琢面處理後就完成了。若有必要，可以用沾濕的海綿用力擦拭坯體表面。

半乾燥時的粗削（手做成形的場合）

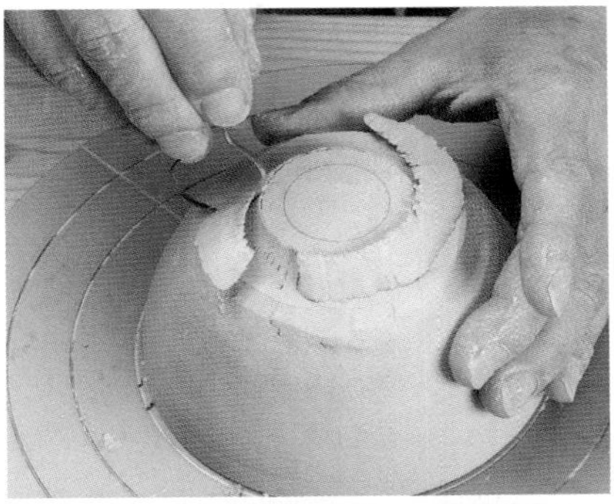

① 當坯體半乾燥到用手拿取也不會出現歪斜後，覆蓋放置於轉盤的中心。畫出一個圈足大小的圓形位置參考線。以修坯刀先在圈足的側邊開始鉋削，然後再接著鉋削腰部附近的坯體。

修坯的時機

如果半乾燥修坯的時機太慢，會容易變得如下方照片一般，土坯整塊剝落。
事已如此就不要勉強鉋削，等完全乾燥後再以超硬鉋刀鉋削加工即可。

47 瓷土也有各式各樣不同的種類

配合目的來選擇

瓷器土是一種統稱，種類豐富，而且各有各自的特徵。由於產地、原料的不同，既有接近白色瓷器土，也有接近青色或黃色的瓷器土。此外，透光性的高低與可塑性（成型的容易程度）也都不同。

諸如是否要施加彩繪？以何種釉藥施釉？如何燒成？等等，因為製作條件及目的各有不同，所以只能配合各自的目的來選擇使用。

現在已經是可以在網路上購買產地黏土的時代，請盡量多方嘗試各種不同的瓷器土材料吧。

新骨瓷（丸石窯業）瀨戶
由瀨戶的製造廠商調和製成的瓷器土。類似於英國的骨瓷，如牛奶般的白色，透光性也極佳。

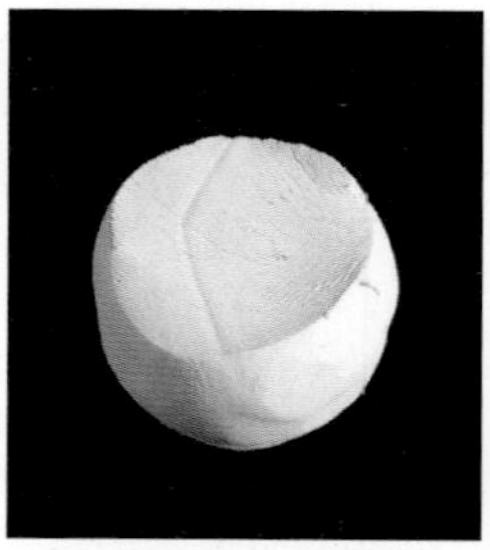

上石（日本陶料）京都
以兵庫縣的柿谷陶石為基礎調配而成，京都具代表性的瓷器土。還有更高級的「特上石」等產品可以選用。

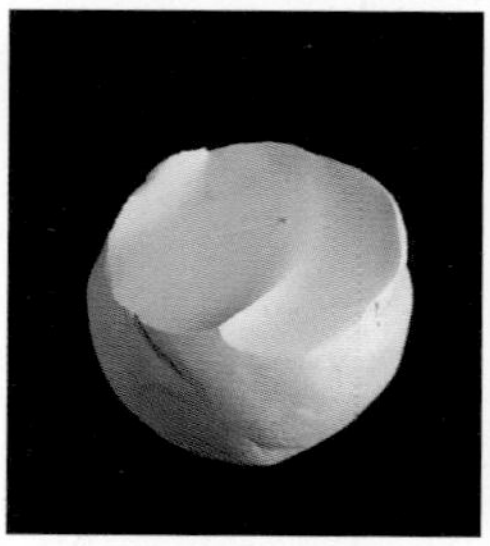

S 瓷器土（谷口製土所）九谷
以石川縣的花板陶石為基礎調配而成的九谷燒的瓷器土。除此之外，還有透光性較高的「透光性瓷器土」等產品可以選用。

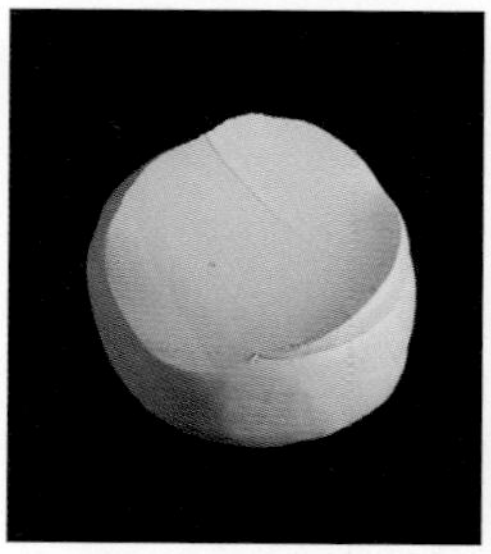

撰上
（淵野陶瓷器原料）有田
以天草陶石為基礎調配而成的有田燒的瓷器土。
除此之外，還有最高級的「特上」及平價的「撰中」等產品可以選用。

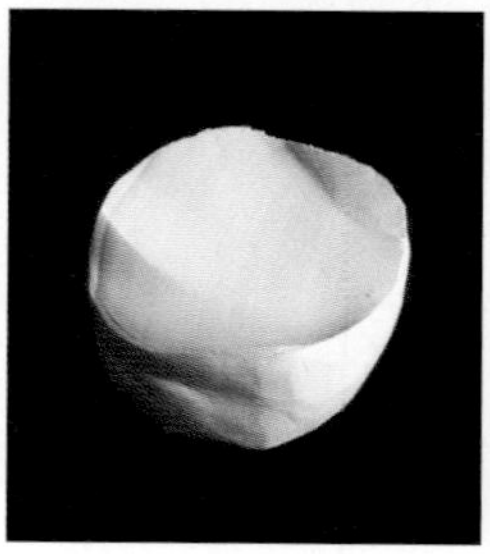

※ 各製造廠商的連絡方式刊載於第 158 頁

裝飾（黏土與化妝土）篇

Chapter 05

48 將形狀複製在器物上呈現出模樣（材質效果）

將身邊的事物製作成作品

相較於其他的素材，黏土的優點是能夠簡單製作出形狀，也很適合用來將各式各樣的形狀以複製的方式呈現。

比方說將廚房的調理盆及杯子這類器物貼附在土板上，就可以將形狀複製下來。也可以像製作範例這樣，將貝殼的形狀與模樣複製呈現出來。

請觀察一下四周圍環境，說不定就能找到可以製作出有趣作品的原型呢。

複製貝殼模樣製作的香插

① 以黏土製作底座，將貝殼固定。撒上太白粉當作離型材。

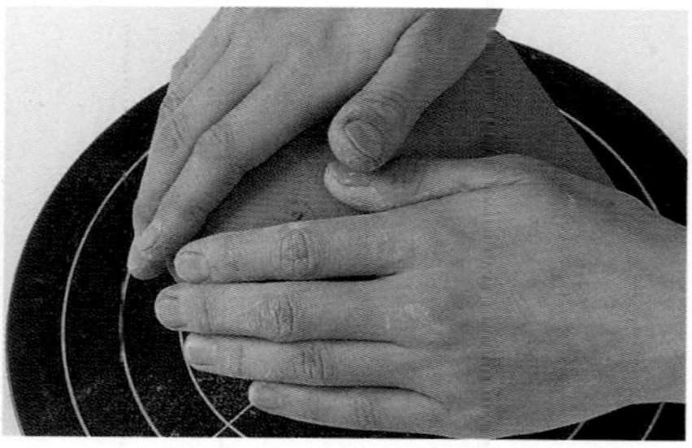

② 覆蓋 7mm 厚的土板，按壓將模樣複製下來。

③ 以貝殼的邊緣為參考，切除多餘的黏土。取下貝殼，使其半乾燥。

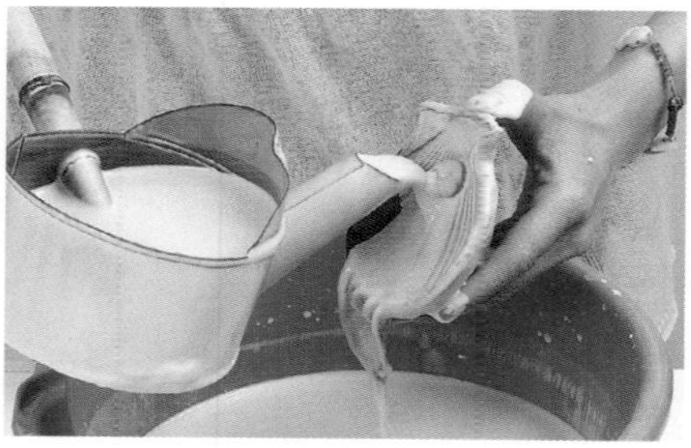

④ 用海綿塊將太白粉擦拭乾淨後，施加白化妝。

複製燒過的杉木模樣的畫框

如同右側照片燒過的杉木一般，也可以只將模樣複製下來製作成作品。

49 以透明檔案夾製作出模版風格的浮雕

以泥漿製作成模版

這裡要為各位介紹可以簡單製作出如浮雕狀的凸起模樣的方法。

將事務用品的透明檔案夾裁切成喜好的圖樣，當作模版的模型來使用。

塗布在圖樣上的是較硬的泥漿。因為剛將模型剝離後的狀態容易出現毛邊，圖樣的形狀也會模糊不清，所以要用刮刀沿著模樣描畫將形狀清楚地呈現出來。

製作範例是在土板上施作，不過對器物也可以用同樣的方法施作。

浮雕的畫框

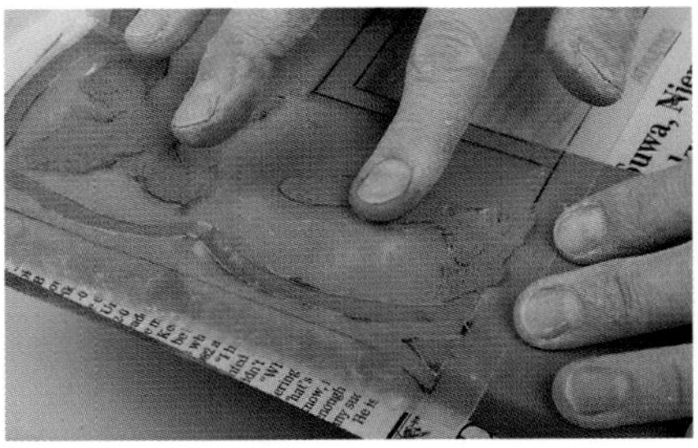

① 對齊位置參考線的線條，放置鏤刻出圖樣的透明檔案夾。將較硬的泥漿堆塑在圖樣的部分。

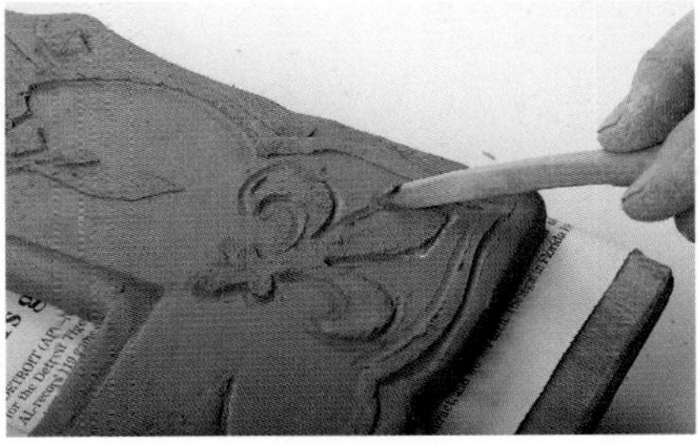

② 將模型剝離，再用刮刀將圖樣的邊緣的毛邊去除。進一步沿著圖樣的輪廓描畫，使圖樣更加清晰明確。
※ 半乾燥後，再施加白化妝

以透明檔案夾製作模型

① 將透明檔案夾裁切成單張。放置於草稿上方，以油性筆將圖樣複寫下來。

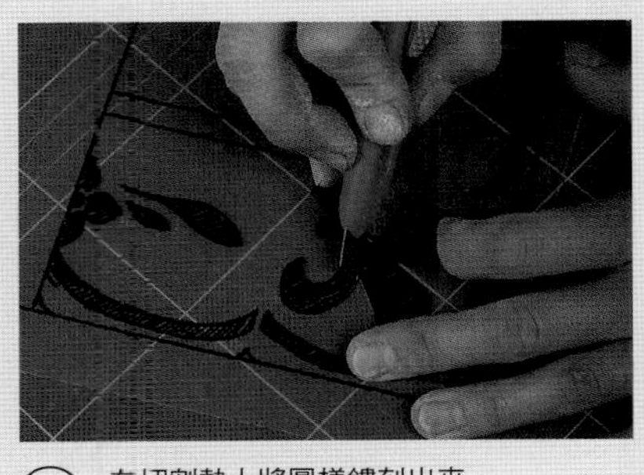

② 在切割墊上將圖樣鏤刻出來。

50 「鏤刻」要先以打孔器開孔之後再挖除

在黏土較軟的狀態下預先開孔

「鏤刻」是一項需要耗費時間與工夫耐性的作業，這裡要為各位介紹可以讓這道作業稍微輕鬆一點的重點事項。

首先要以打孔器在器物上開孔加工至某種程度，再將孔洞連接起來一般鏤刻出模樣。

以打孔器開孔的作業要趁黏土較軟時進行。至於鏤刻模樣的作業則要再等黏土稍微變硬後再進行，比較能夠切出俐落的形狀。

挖空燈具的模樣

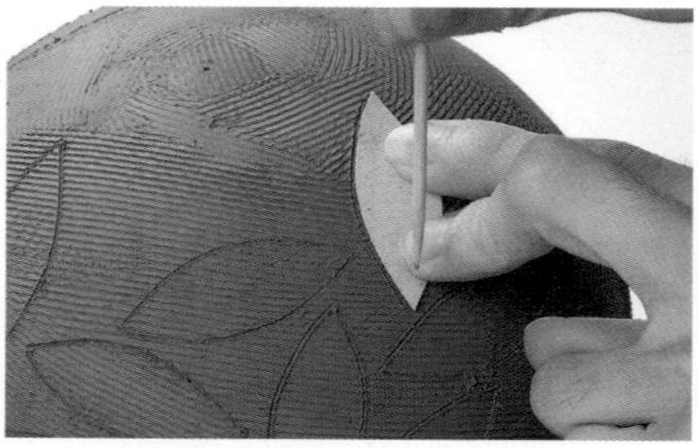

① 鉋削整理形狀後，以竹籤抵住坯體，沿著花樣的紙型將線條刻畫出來。一邊觀察比例均衡，一邊配置花樣。

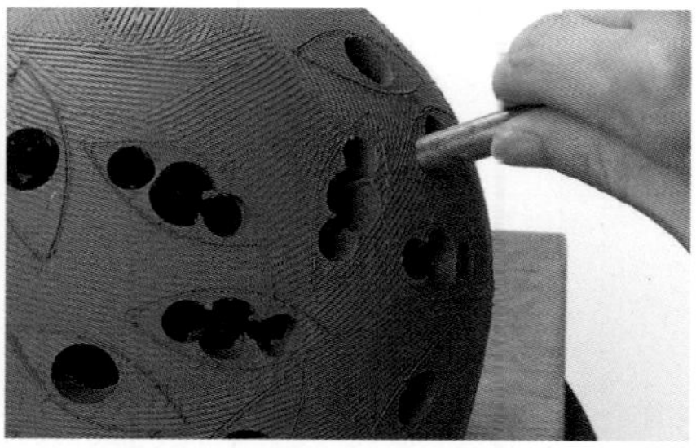

② 趁著黏土尚軟的時候，以開孔器加工出大略的孔洞。

③ 稍微變硬之後，以將打孔器的孔洞連接起來的要領，將圖樣鏤刻出來。

成型完畢

妥善養護勿使其乾燥

因為鏤刻的作業需要時間，所以為了不讓作品變得乾燥，沒有進行作業的位置要覆蓋上塑膠布。

燈具的作品範例

根據挖空模樣的大小及數量，還有配列的模式，映射出的光線模樣也會產生各種不同的變化。
如果放置於房間的角落，模樣會進一步呈現出複雜的變化，饒富其趣。

製作範例為陶藝教室・祖師谷陶房的學生作品

51

依照不同的化妝裝飾，改變化妝土的濃度

依照化妝土的濃度來進行最後修飾

使用化妝土進行裝飾的種類有很多，各自有適合的化妝土濃度。如果對於濃度的調整偷工減料的話，就無法呈現出理想的圖樣，或是讓作業效率變差。

當化妝土的作業較多時，請預先準備接下來的3種濃度備用。

最稀薄的是使用於粉引的化妝土，以濃度計量測約60~70莫耳度左右。

次濃的是使用於蚊帳紋或刷痕的化妝土，請調製同美乃滋左右的濃度。

最濃的化妝土是使用於鑲嵌及法華彩的化妝土，請調製成塗布時邊角明顯的濃度。將以上預先準備好的化妝土收入可以密閉的保鮮盒這類容器備用，後續作業會比較便利。

粉引（化妝土的濃度＝普通 ・60 ～ 70 莫耳度）

粉引是自古以來常用的白色化妝土的裝飾方法。一般而言是先在器物整體施加化妝土，然後再施加較稀薄的透明釉（土灰釉）。燒成後，化妝土會吸收釉藥的玻璃成分，呈現出無光狀態。

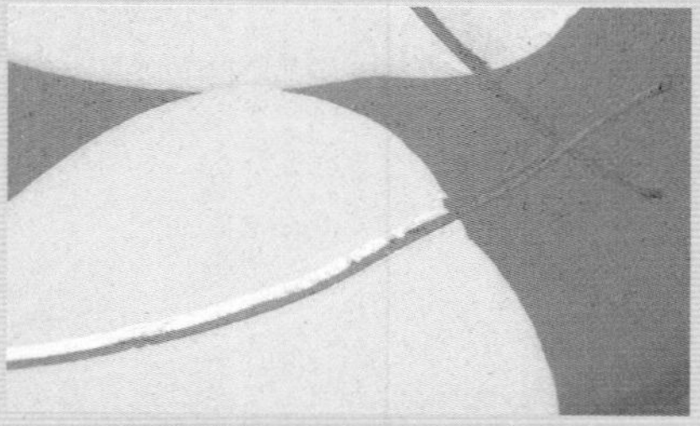

化妝土會因為乾燥而收縮，施作時大多會較厚一些，待其乾燥後就會變得恰到好處。

以長柄杓環繞澆淋，就會形成恰到好處的塗布不均，成為燒成後的景色（第 87 頁有詳細解說）。

蚊帳紋（化妝土的濃度＝次濃 ・ 美乃滋程度）

蚊帳紋是將濕潤的蚊帳覆蓋在素坯上，再由上方以刷毛刷塗化妝土的裝飾技法。將化妝土調製成濃稠如同美乃滋的漿料狀，可以讓蚊帳的模樣更容易清晰的呈現出來。

將化妝土預先調整成漿料狀。

以刷毛刷塗，讓漿料滲入蚊帳的間隙。
（第 83 頁有詳細解說）

刷痕（化妝土的濃度＝次濃 ・ 美乃滋程度）

刷痕使用的化妝土與蚊帳紋是大致相同的漿料狀。漿料過稀的話，不易呈現出刷毛的軌跡；過濃的話，刷毛又會推不動，請多加注意。

描繪前刷毛要沾附大量的化妝土，以免描繪途中化妝土用完了。

刷毛要快速的移動描繪，讓刷痕呈現出動勢。（第 82 頁有詳細解說）

化妝鑲嵌（化妝土的濃度＝最濃 ・ 邊角清晰明顯的硬度）

將印花或雕刻的凹陷部分以化妝土填埋的鑲嵌技法，因為化妝土必須厚塗的關係，所以要預先調整成較硬的筆觸。

使用毛筆將化妝土填埋入線刻的凹縫中。

如同三島手這種器物整體都佈滿模樣的場合，使用刷毛塗在整個器物上。（第 85 頁有詳細解說）

法華彩（化妝土的濃度＝最濃 ・ 邊角清晰明顯的硬度）

將化妝土裝入擠泥器，堆高描繪細線條的法華彩，化妝土要預先調整成較硬。
如果過軟的話，就無法描繪細線條，或是無法呈現出立體的模樣。

務必要通過篩網消除結塊。先試描繪，確認線條的形狀呈現出堆高的半圓形。

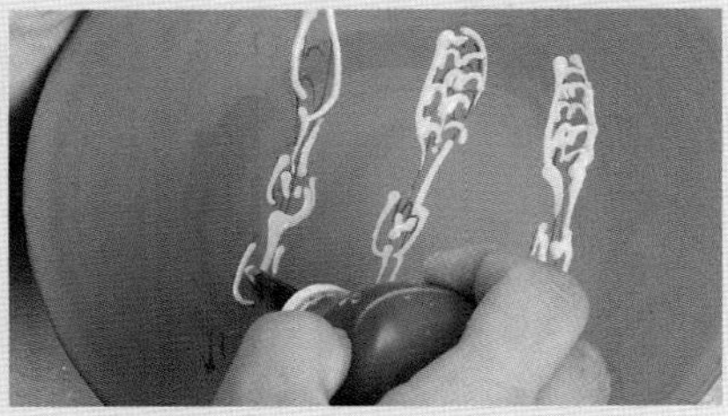

以符合法華彩風格的柔和線條進行描繪。

52

「刷痕化妝」使用較粗糙的刷毛會更加帥氣

以自行製作的刷毛來呈現出個性

刷痕的魅力在於刷毛移動時呈現出充滿動勢的線條。而呈現這個線條動勢的是刷毛的「粗獷程度」。1根1根愈是參差不齊的刷毛，愈是能讓線條表現出強弱對比。

化妝土若使用繪畫用的一般刷毛塗布，會塗布得過於整齊漂亮，因此要自行製作粗糙的刷毛來使用。

製作刷毛的素材有「稻草」、「竹子」或是「棕櫚葉」等等。竹子與棕櫚葉可以將市售的掃帚拆開製作即可。不同的素材會呈現出不同個性的線條，請依照作品的氣氛及自己的喜好來選用吧。

稻草刷毛

精挑細選合適的稻草綁成一束。稻草可以在生活資材店或園藝店這類商家購得。

棕櫚葉刷毛

將棕櫚葉掃帚拆開，取適量綁成一束。

因為稻草刷毛的毛粗細不一，所以可以呈現出粗獷的刷痕。

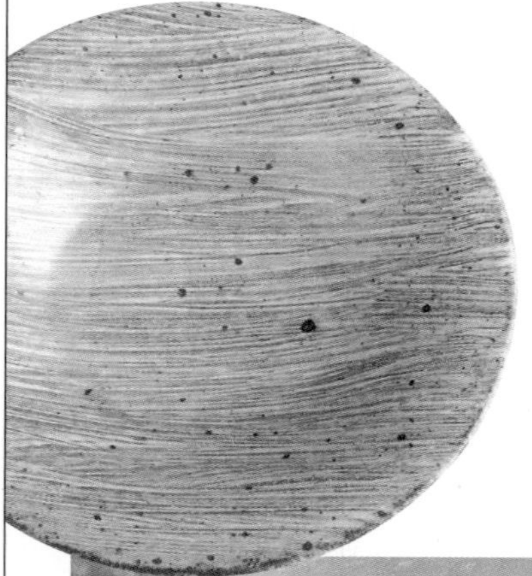

棕櫚葉的刷毛因為毛的粗細比較整齊一致，所以會呈現出柔和氣氛的刷痕。

53

「蚊帳紋化妝」要等待水氣退去後的時機，再將蚊帳撕下

蚊帳剝離的時機很重要

要想呈現出漂亮的蚊帳模樣，就必須將化妝土確實地刷塗進蚊帳的間隙。

此外，蚊帳剝離時的化妝土乾燥程度也很重要，過軟的話，模樣還很模糊；乾燥過度的話，化妝土會沾黏在蚊帳上形成斑駁。

近年由化學纖維編織而成的蚊帳大多網目均等整齊，而古時候用麻線編織而成的蚊帳，因為1條1條的編線都不整齊的關係反而有其趣味。老式蚊帳可以在老道具店這類的店家購得。

以麻線織成的古時候蚊帳

呈現出蚊帳紋

① 將蚊帳沾濕後，覆蓋在素坯上。將濃度調整過的化妝土以刷毛刷塗上去。

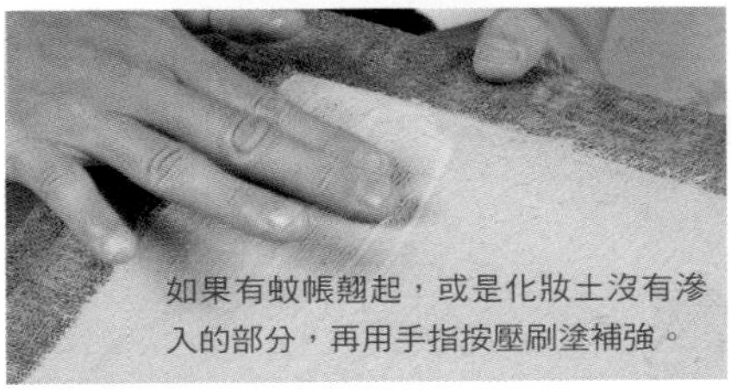

如果有蚊帳翹起，或是化妝土沒有滲入的部分，再用手指按壓刷塗補強。

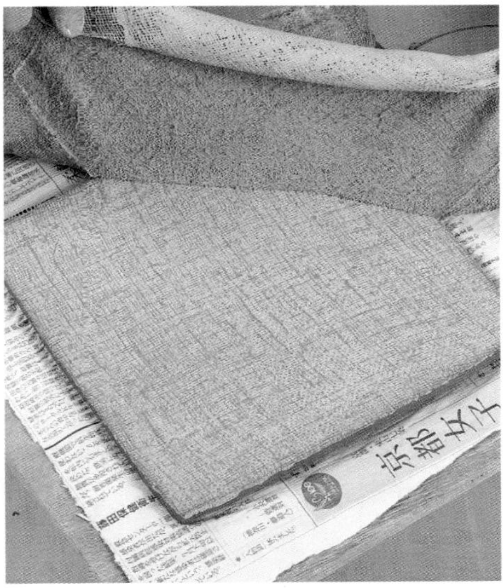

② 當表面的水分蒸發，用手碰觸也不沾黏時，將蚊帳輕輕地撕開。

如果蚊帳過早剝離的話

如果在化妝土還沒有充分的乾燥前就將蚊帳剝離的話，會因為水分多而造成模樣模糊。務必要用手觸摸蚊帳的表面，確認水分已經乾燥後，再將蚊帳剝離下來。

蚊帳剝離時機過早的話，模樣就會變得模糊。

54 「飛鉋」的鉋刃接觸坯體角度約為50度

找出刀刃彈跳的角度

「飛鉋」是在小石原燒這類民藝窯自古流傳的一種傳統裝飾技法。一邊旋轉轆轤，一邊讓鉋刀的刀刃如彈跳般接觸坯體刻畫出圖樣。鉋刀接觸到坯體的位置會因為化妝土剝落的關係而露出底下的土坯。

雖然不是困難的技法，但必須精確掌握化妝土的乾燥程度，也必須熟練刀刃碰觸坯體的方式。此外，因為這是讓化妝土剝離下來的技法，機會只有一次。建議剛開始可以使用練習用的土坯，等熟練之後再挑戰正式的作品製作。

飛鉋專用的鉋刀。以具有彈性的鋼材打造而成。

以約 50° 的角度碰觸

雖然也會受到化妝土的乾燥程度影響，但一般相對於土坯，刀刃以約 50° 的角度接觸坯體後就會開始彈跳。

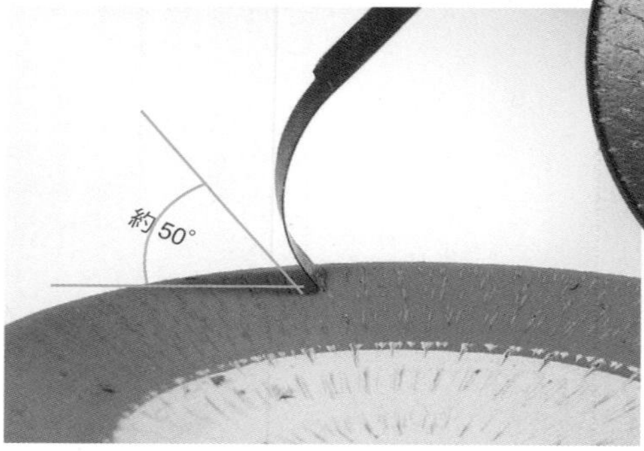

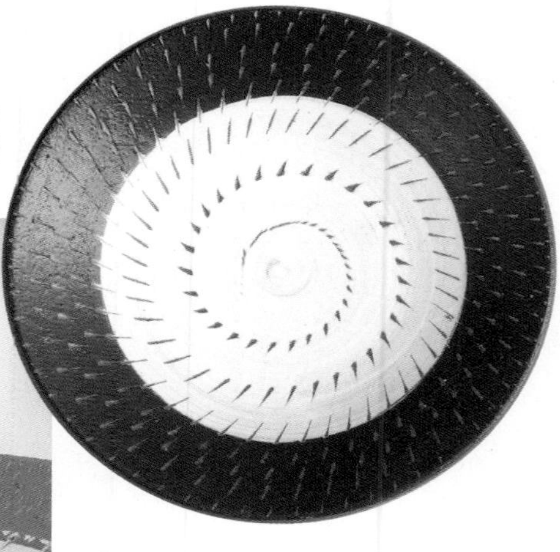

飛鉋的作品範例。先塗上白色與黑色的化妝土，再以飛鉋技法來加上模樣。

鉋刀接觸坯體的方式會影響鉋刀痕的形狀

鉋刀刀刃的形狀及接觸坯體的方式、轆轤的旋轉速度，都會造成鉋刀痕跡的變化。

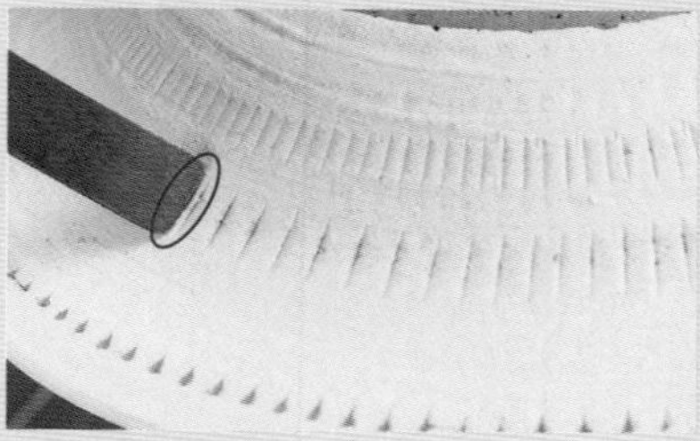

以刀刃前端的廣面積接觸坯體，會刻畫出較長的線條。

以刀刃的邊角接觸坯體，會刻畫出較深的三角點痕。

55

「三島鑲嵌」併用橡膠刮刀與修坯刀可以提升效率

錯開處理的時機可以提升效率

鑲嵌裝飾最需要耗費時間的是將多餘化妝土刮離的作業。然而，只要精確掌握土坯與化妝土的乾燥時機進行作業，就能有效率地將化妝土漂亮的刮離下來。

① 趁土坯尚軟的時候按壓印花

印花如果不深深按壓的話，模樣就不易清楚呈現，因此要趁土坯尚軟的時候先將印花按壓出來。

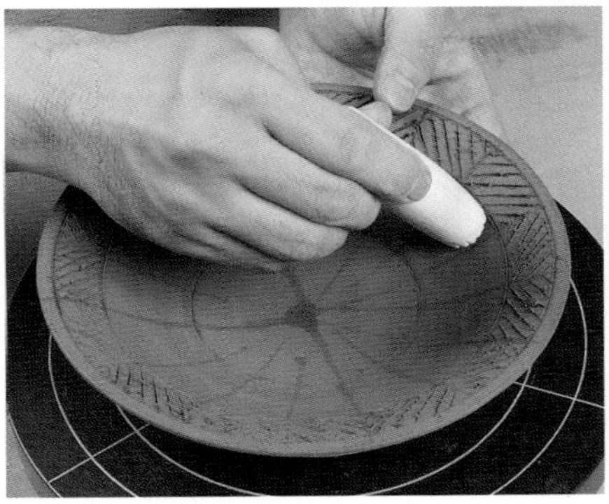

② 稍微乾燥後再塗布化妝土

土坯過軟的話，化妝土與黏土就容易混雜在一起，所以要等稍微乾燥後再塗上化妝土。

③ 先以橡膠刮刀刮離化妝土

化妝土塗布後，立即趁化妝土尚軟時，以橡膠刮刀進行大略地刮離處理。

④ 等待乾燥至容易鉋削的硬度後，以修坯刀來做最後修飾

當化妝土變成以修坯刀容易鉋削的硬度後，進行最後修飾的鉋削處理，將圖樣明確呈現出來。

56 化妝土的「刷花」要以陶畫膠（乳膠）描繪

在土坯上使用陶畫膠

在以釉藥進行剔花的「水蠟隔離」技法中，要使用撥水劑描繪模樣，不過以化妝土進行刷花時，則是要用乳膠來描繪模樣。

土坯在進行化妝處理時，因為含有水分的關係，撥水劑不易乾燥，而且撥水效果也會減半。若在這樣的狀態下塗上化妝土的話，圖樣會被埋沒，而且也很難修補。

如果是乳膠的話，就算圖樣被填埋變得模糊，只要將乳膠剝離下來，圖樣就會再次清楚呈現。

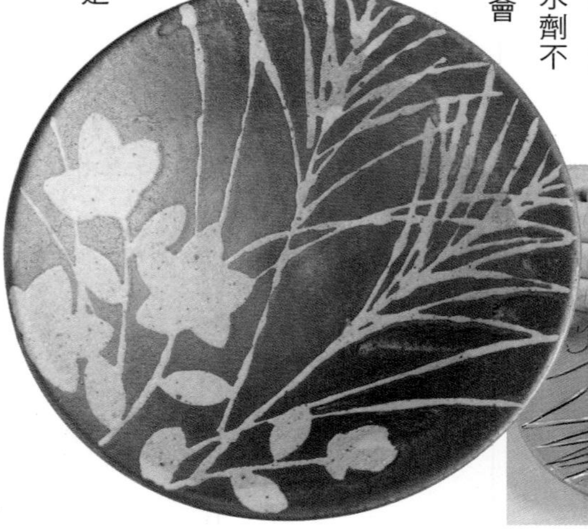

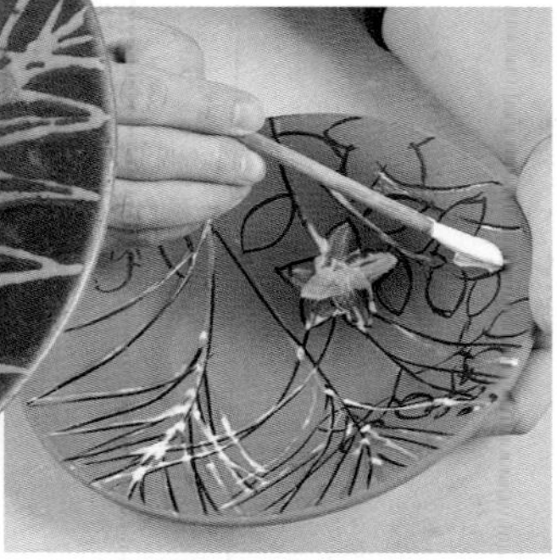

① 以墨汁描繪草圖後，將用乳膠塗布在模樣上。

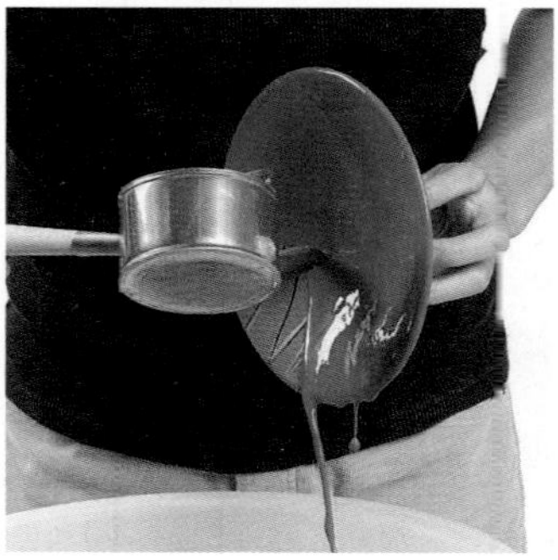

② 當乳膠完全乾燥變成透明之後，以長柄杓施以黑化妝。

如果化妝土過度乾燥的話，圖樣會被一起撕下來，請注意！

③ 待化妝土乾燥到不沾黏的時候，再小心地將乳膠撕下。

讓畫筆不易乾燥變硬的方法

乳膠乾燥得很快，若是附著在毛筆變硬的話，就無法再次復原了。請預先在毛筆上沾附食器用洗滌劑，即可延遲硬化的速度。

毛筆沾附食器用洗劑，做好筆毛的表面保護。

※ 作業中經常水洗也相當重要

57 「粉引」化妝裝飾，若盡早讓水分乾燥，就不容易崩壞

精確掌握氣溫與濕度

在器物整體施加化妝土的「粉引」裝飾的失敗大多來自於形狀的崩毀。失敗發生的原因是因為化妝土的水分被土坯吸收導致。通常土坯會慢慢地吸收水分，所以要在那之前盡快將化妝土的水分蒸發掉才行。

天氣好，氣溫較高，濕度較低的日子是最適合進行粉引的日子。如果天氣條件不佳時，請利用吹風機或電風扇這類工具來加快乾燥。

即使用盡一切努力，也有可能因為土坯的狀態而產生形狀崩毀。所以粉引裝飾一開始就要預估會發生某種程度的損失，再進行製作。

以吹風機強制乾燥

施加化妝土後，立即以吹風機將表面的水分強制乾燥。

當表面不再閃爍水分的反光，呈現出潤實的感覺後，即可停止吹風。請注意不要乾燥過度。

以日曬進行乾燥

如果是晴天的話，可以在戶外日照良好的位置進行乾燥。

一開始要先放在日照良好的場所進行乾燥

當表面乾燥後，移至陰涼處

形狀崩毀的範例

會在土坯較薄處，或是形成負擔的位置開始崩毀。

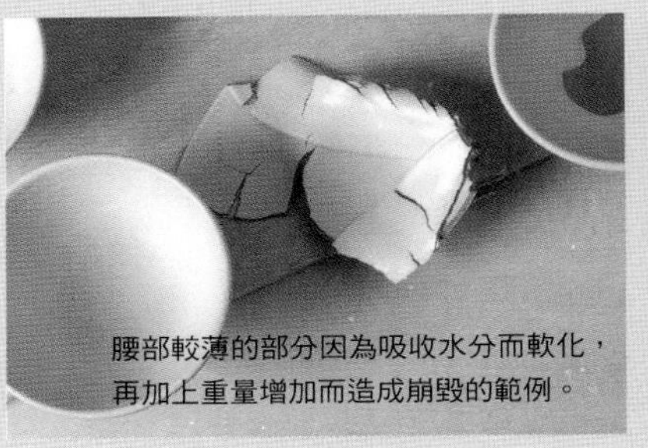

腰部較薄的部分因為吸收水分而軟化，再加上重量增加而造成崩毀的範例。

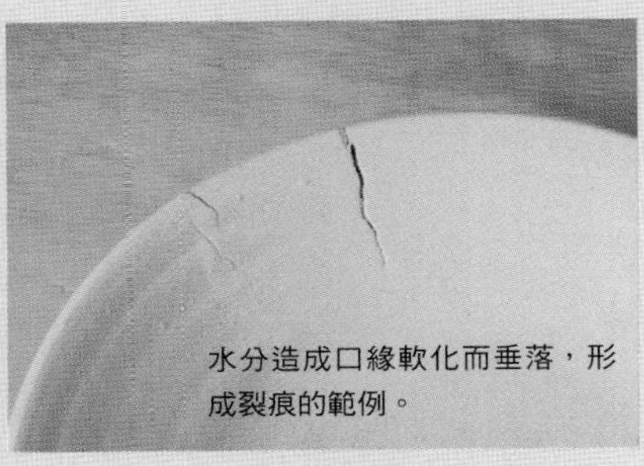

水分造成口緣軟化而垂落，形成裂痕的範例。

58

以自己製作的化妝色土，讓作品更添色彩

簡單即可製作的化妝色土

一般的化妝土是以高嶺土製作的「白化妝」，以及黃土製作的「黑（茶）化妝」，不過只要在白化妝加入市售的顏料（混練用的顏料亦可），就能簡單製作出流行色彩的化妝色土。

黃化妝土　白化妝 100　黃青花 10

透明釉 / 無釉 / 白色無光釉

氧化燒成　還原燒成

青化妝土　白化妝 100　土耳其青 10

透明釉 / 無釉 / 白色無光釉

氧化燒成　還原燒成

桃化妝土　白化妝 100　陶試紅 10

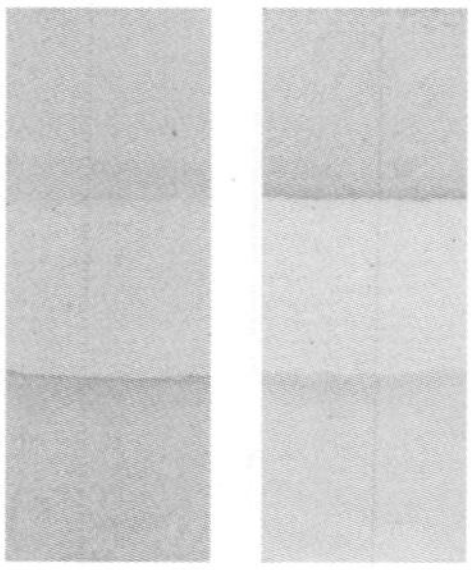

透明釉 / 無釉 / 白色無光釉

氧化燒成　還原燒成

綠化妝土　白化妝 100　黃青花 8+ 海碧青花 2

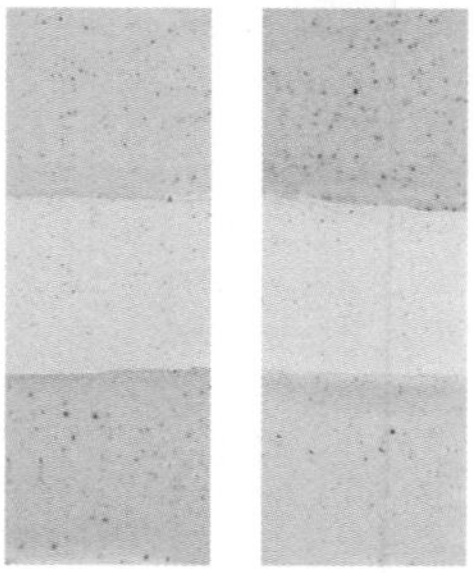

透明釉 / 無釉 / 白色無光釉

氧化燒成　還原燒成

紫化妝土　白化妝 100　陶試紅 8+ 海碧青花 2

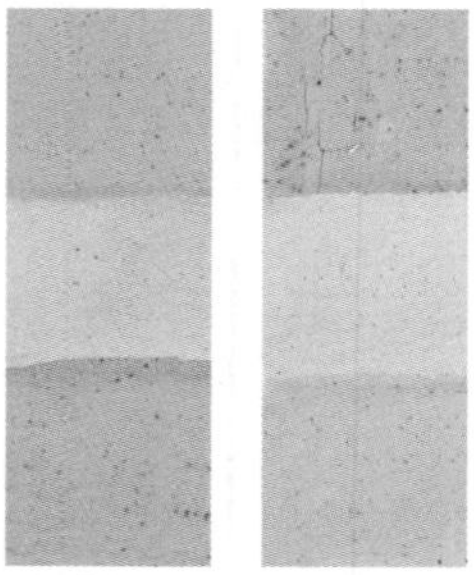

透明釉 / 無釉 / 白色無光釉

氧化燒成　還原燒成

化妝色土的調合

紫化妝土的調合範例	
高嶺土	100
陶試紅（顏料）	8
海碧青花（顏料	2

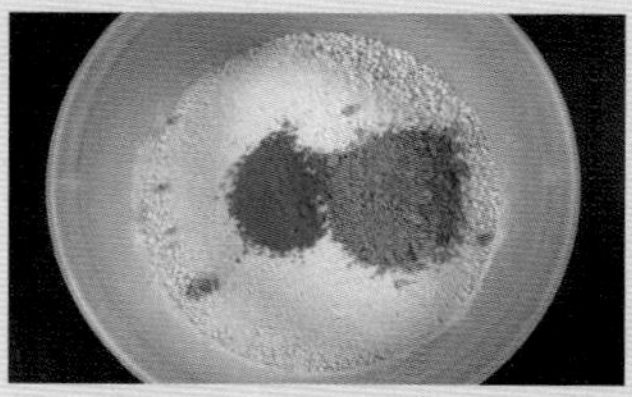

量測好所有原料分量後，裝入容器。充分混合後，再通過篩網。

Chapter 彩繪篇 06

59 「鐵繪」要活用毛筆的筆觸，描繪出變形處理後的模樣

區隔使用各式各樣的筆刷，描繪變形處理後的植物與風景。

運筆的動作很重要

在素燒坯上以鐵為主成分的鐵紅描繪的繪畫稱為「鐵繪」。當陶器還在以低溫燒製的土器時代，就已經開始將氧化鐵（弁柄或鐵紅）當作顏料使用了。自從陶器發展到以高溫進行燒製後的作品當中，以「繪志野」、「繪唐津」及「織部」這類較為有名。

氧化鐵因為是顆粒較粗的顏料，不擅長纖細的表現。活用毛筆的筆觸，大膽地變形處理的畫風，比較能呈現出顏料的素材感。

氧化鐵的溶化方法與濃度的確認

氧化鐵要在乳鉢研磨後使用。一開始先溶化成較濃的濃度，一邊試描後，再慢慢地調整濃度。

在乳鉢中充分研磨，確認沒有結塊。

以素燒的破片一邊試描，一邊調整濃度。薄塗的部分稍微有些透出底色的狀態就是恰到好處的濃度。

利用筆的形狀及運筆方式來描繪

不同的筆刷描繪出來的線條各有不同，鐵繪的畫風是要隨時提醒自己活用各種筆刷的特徵。

以面相筆描繪的作品範例

面相筆

可以畫出細線條的筆。由於面相筆也有各式各樣的粗細及長度，要選擇適合設計母題的面相筆來使用。

以付立筆描繪的作品範例

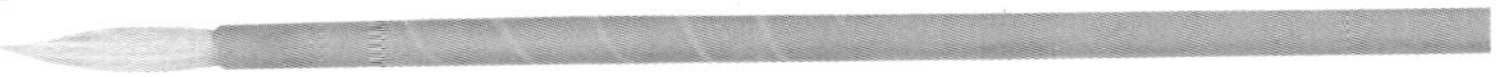

付立筆

可以用力按壓，也可以快速撇捺，依照不同的描繪方式而能畫出各式各樣線條的畫筆。此外，筆尖的大小不同也會帶來線條的變化。

刷毛（平筆）

刷毛的筆尖雖然較寬，但依照縱向或橫向運筆使用，還是可以呈現出不同的線條寬度變化。適合用來描繪較粗的枝幹或是連立的山脈等，刷毛的表現手法意外的多樣化。

以刷毛描繪的作品範例

60 以「青花」描繪的「青花瓷」，主要有3種不同的描繪法

具代表性的「釉下彩」的技法，有以氧化鐵描繪的「鐵繪（參照第90頁）」，和以青花料描繪的「青花瓷」。各自的顏料都具備特徵，描繪方法也不一樣。

青花料的顆粒非常細微，能夠表現出纖細的漸層效果。因此，青花可以用來點染塗布，以一種稱為「濃彩」的獨特方法進行描繪。

青花與氧化鐵相同，也有活用運筆方式描繪的技法，稱為「付立」。

再加上描繪輪廓線的「描骨」技法，合計共有3種不同的描繪技法。青花瓷就是運用這些技法描繪而成。

上方的碟盤是在白化妝之上以付立描繪的陶器青花。前方的碟盤是運用描骨法及濃彩法來描繪的瓷器青花瓷。

青花的溶化方法與濃度的確認

能夠表現出微妙漸層效果的青花，使用前需要充分研磨，使顆粒變得細微。此外，必須小心地進行濃度的調整，而且描繪時與燒成完成時的濃度印象會有所變化，這點也需要預先考慮。

在預計實際描繪的素坯相同的素燒坯上進行試描繪，調整濃度。

仔細研磨到完全看不見顆粒為止。有些青花作家甚至會耗費數小時來進行研磨。

青花瓷的 3 種代表性描繪法

青花瓷運用以下 3 種不同的描繪方法，可以將寫實的植物或風景，乃至於幾何模樣等各式各樣的畫風描繪出來。

付立（沒骨描法）

活用毛筆的特長，以運筆方式來描繪的技法。因為不描繪出輪廓線（描骨）的關係，又稱為「沒骨描法」。

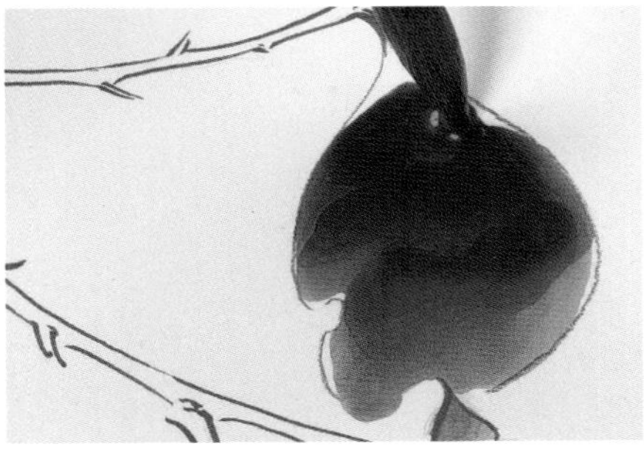
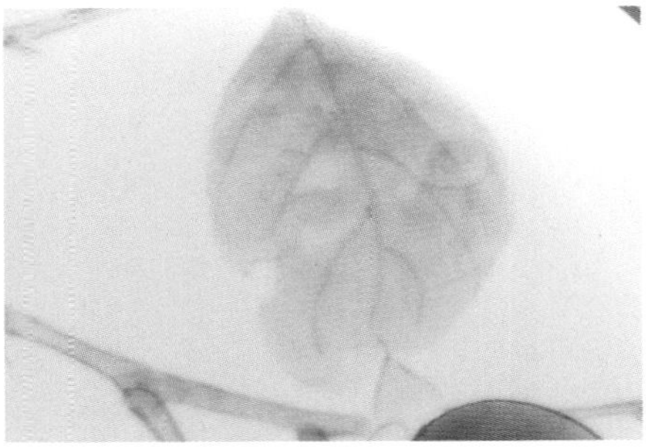

付立筆

描骨（主要是輪廓線）

青花瓷是將描繪輪廓線的動作稱為描骨。描繪纖細的線條時，面相筆的選用很重要。這也是一種很容易受到毛筆品質影響的描繪法。

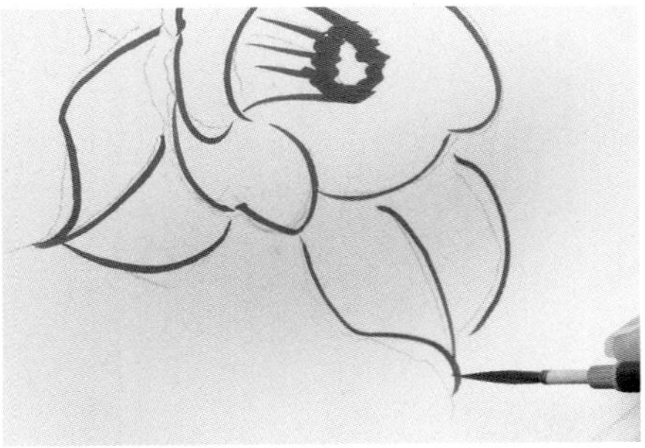

面相筆

濃彩（主要是塗滿）

將青花在土坯上一邊點染，一邊將筆傾斜以側鋒上色。描繪濃彩時，需要使用能夠沾附大量青花的專用濃彩筆。

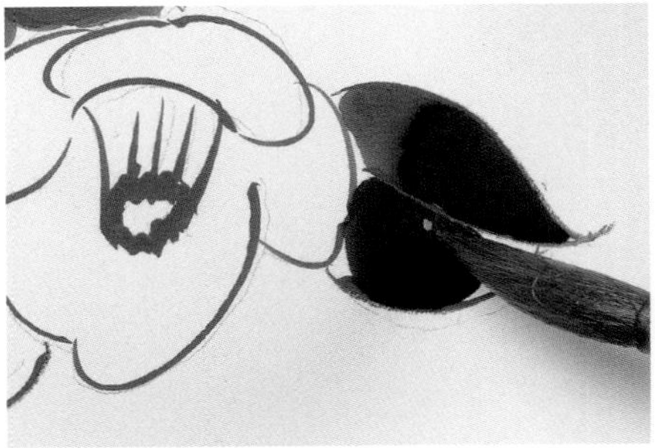

濃彩筆

61 土坯與素燒坯都可以拿來描繪「鐵繪」

以畫風的氣氛來區隔使用

像繪志野這類的日本鐵繪，是在土坯的時候，以富含鐵分的一種稱為「鬼板土」的礦物進行描繪。當時還沒有先燒製成素燒坯的習慣，施釉也是直接在土坯上進行。

鬼板土，因為是由類似泥土的成分製成，所以帶有一些黏性，據說不太適合用來描繪纖細的線條。

也許是因為這個原因，當時（安土桃山時代~江戶時代前期）的繪志野以大膽且樸素的畫風居多，也形成其獨特的魅力。

至於要以氧化鐵在素燒後的素坯上描繪，還是以鬼板土在土坯上描繪，請依照想要呈現的畫風氣氛來判斷即可。

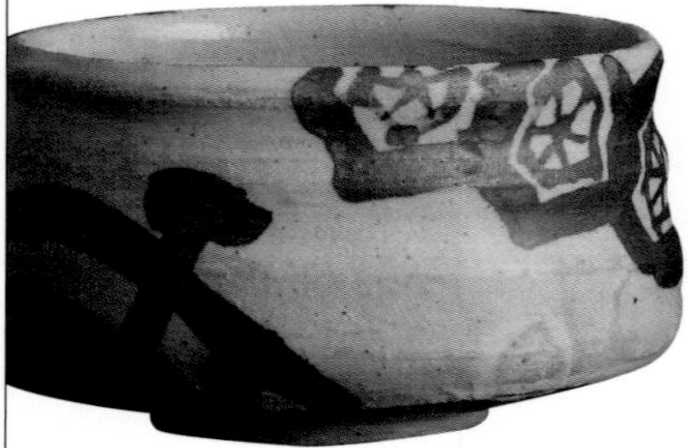

鬼板土

因為主成分是一種稱之為褐鐵礦的天然礦物，會因為開採的位置而有品質上的差異。

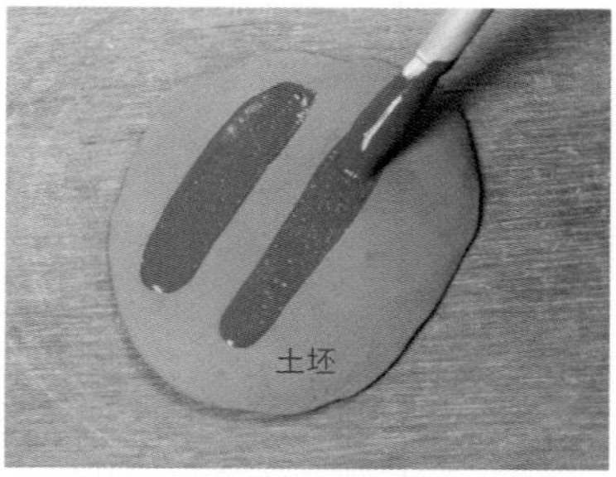

因黏土質且具有黏性，與其用來描繪纖細的線條，不如說更適合使用於大膽表現手法。

氧化鐵

以氧化亞鐵為主成分的顏料。原本是由天然的礦物製作而成，但現在市售的產品大多是人工調合後的量產品。

與鬼板土相較之下顆粒較為細緻，可以描繪出理想中的細線條。

62 將青花以熬煮出來的濃茶溶製的效果為何？

現在與其說是發色，更重視的是描繪的順手性

熬煮出來的濃茶，含有大量的丹寧酸成分。這個丹寧酸會與青花中含有的多餘鐵分結合成丹寧酸鐵而溶出，使青花的發色變得更好。

不過，現在與古時候使用含有大量不純物的天然青花不同。如今流通市面的青花大多是由人工調合、精製而成，即使以普通的水溶製也能發色得很漂亮。

現在仍舊使用茶水溶製青花的理由，是因為茶水特有黏性可以讓描繪的順手性更佳，而且也能夠改青花的附著性。

將青花加入熬煮出來的濃茶水研磨

將熬煮出來的茶水裝入有流口的容器，使用起來會更加便利

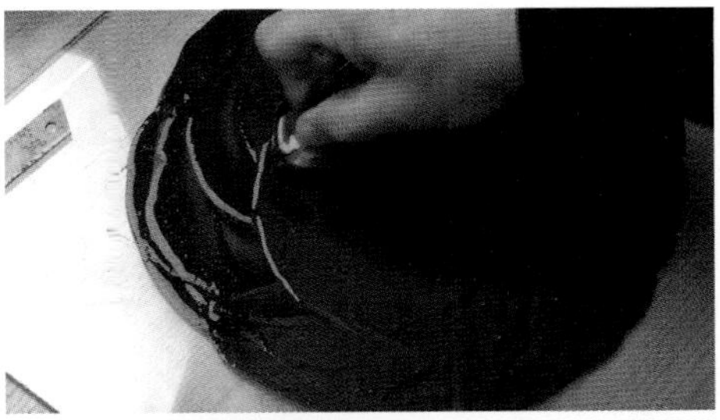

在玻璃板上充分研磨，使顆粒變得滑順

將在玻璃板研磨完成的青花，倒入小碟盤等容器，再行調整濃度。

在玻璃板上研磨可以呈現出更加滑順的表現

想要以青花瓷來呈現出纖細的表現時，請使用玻璃板來研磨。相較以乳缽研磨，顆粒會變得更加細微，讓運筆更為流暢，濃彩的微妙漸層效果看起來也會表現得更加美觀。

玻璃板與玻璃棒。美工刀的刀刃是用來將擴散的青花集中時使用。

63 以押花進行描繪，簡單的「噴墨」

使用青花的簡單彩繪

使用青花的描繪法中，描骨及濃彩都不是容易習得的技法，需要經過練習。但這裡介紹的「噴墨」技法，即使是初學者也能簡單地體驗各式各樣的畫風的樂趣。

製作範例是將押花（葉）當作紙型使用。將押花重疊擺放或是按照一定的順序移開，就能夠改變模樣的深淺，呈現出遠近感，增加畫面的深度。

以蕨類植物的葉子為押花模型製作的噴墨長盤（土坯為瓷器土）。噴墨的英文名稱是Sputtering，因此也稱為噴濺法。

噴墨的道具
①網目細緻的篩網、②網目較粗的篩網、③裝有鈷藍的小碟、④牙刷

製作押花（葉）

預先製作押花模型。但如果完全乾燥的話，會變得容易折斷，因此要保留一些水分，使其帶有一些韌性。

將植物夾在龜板及報紙中間，並以手轆轤代替重石壓在上面。

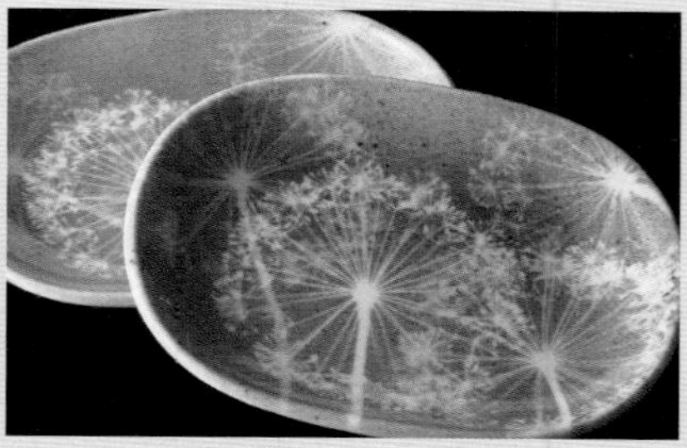

這是以香草蒔蘿製作的參考作品

進行噴墨

①

將陶畫膠替代接著劑塗抹在葉片背面。一邊考量畫面的平衡，一邊將葉子擺放在素燒盤上接著固定。

②

將青花分裝至小碟後，以牙刷沾附。接著在篩網上磨擦，噴濺在報紙上做實驗。

用碟緣將多餘的青花刮掉

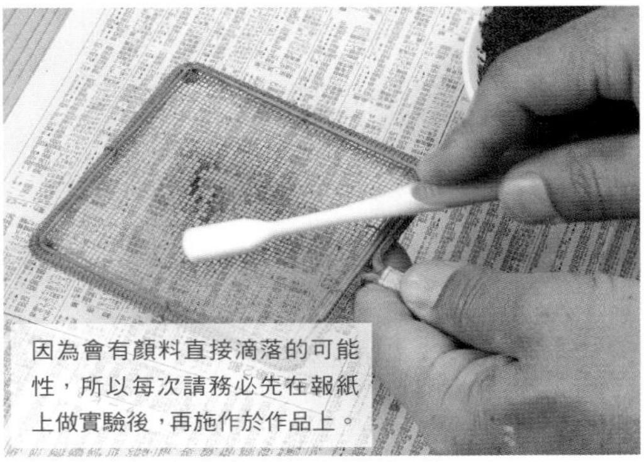

因為會有顏料直接滴落的可能性，所以每次請務必先在報紙上做實驗後，再施作於作品上。

③

確認噴濺的青花顆粒大小穩定後，再於作品上刷網。

因為要分成數次刷網，所以一開始先以少量刷網即可。

④

用鑷子取下數片覆蓋在器物上的葉子。

請仔細作業，以免弄髒作品。

⑤

再次沾附青花，一樣先在報紙上實驗過後，再移至作品上方刷網。重覆④~⑤的步驟。

噴墨完成後的作品。可以看得出葉子有濃淡之分。直到最後都沒有取下葉片的部分就會成為白色。

64 「青花瓷」的濃彩，需準確掌握青花的濃度與其發色狀態

準確掌握濃彩，成為青花的進階者

濃彩在青花瓷描繪法當中被認為是最困難的技法。除了需要精確掌握青花的濃度之外，濃色與淡色的配置、青花的上色方式、在何處要以青花點染出漸層效果等等，還得考量各式各樣的條件搭配，需要非常純熟的技術能力。

濃彩的濃淡調整之所以困難，是因為描繪時與燒成完成時會產生的顏色落差。描繪時覺得顏色已經夠濃，燒成完成時看起來卻還是太淡，又或是發生相反的狀況。青花的點染方式也會造成顏色濃淡的變化。

準確掌握這個濃彩的技法，是成為青花進階者的第一步，請各位務必試著挑戰看看。

描骨後，一邊點染鈷藍，一邊描繪的濃彩技法

描骨用的濃度調整

描骨用的青花濃淡調整很重要。描骨法要盡可能以較濃的青花進行描繪。

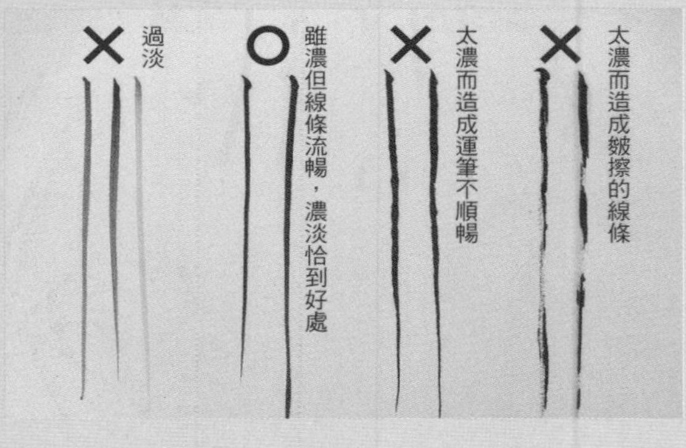

濃彩用的濃度調整

濃彩用的青花請預先調整成 3 種不同的濃度。此外，請避免共用毛筆，以免造成濃度的變化。

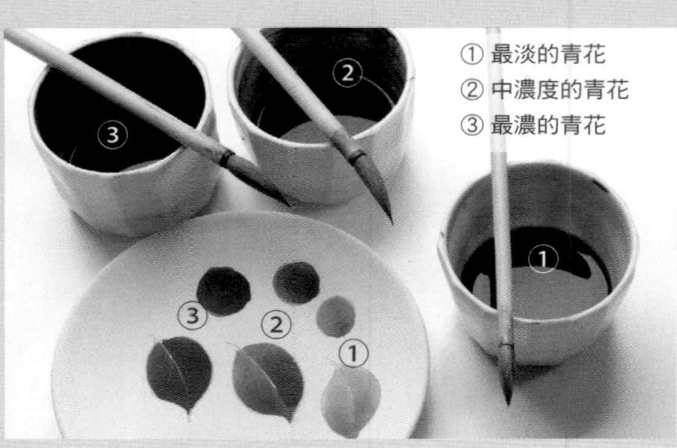

描繪時與燒成完成時的濃淡差異

描繪時就要預想燒成完成時的濃度及發色是相當重要的事項。

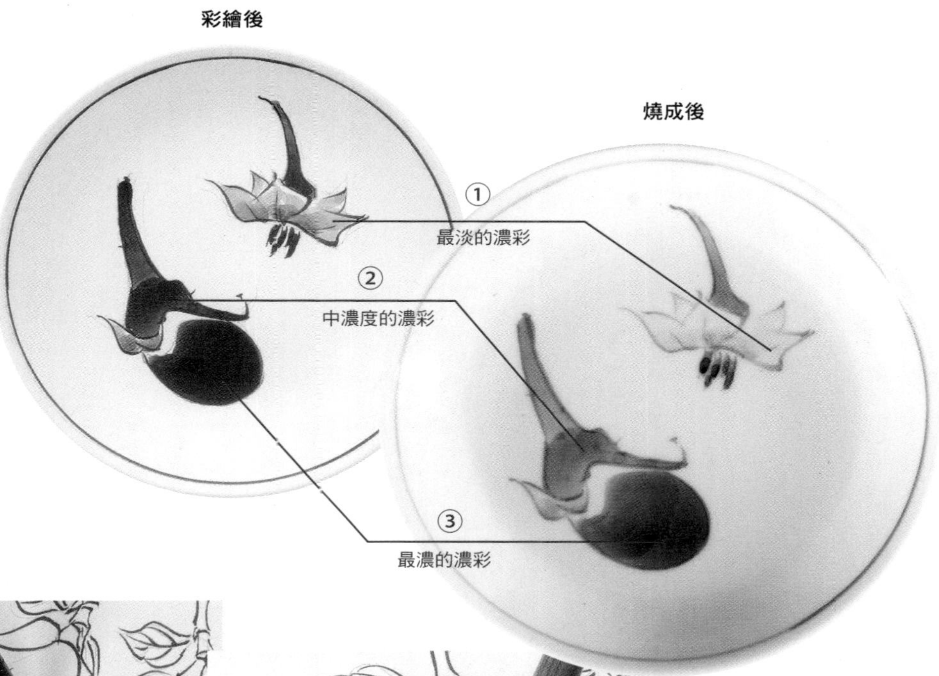

青花乾燥後，就會看不出微妙的漸層效果。

以鉛筆描邊，防止溢出範圍

使用鉛筆描繪輪廓，會因為鉛筆的油分而撥開青花，得以防止青花溢出範圍。

將青花大量的點染後，再向外塗布擴張

如果青花點染的量太少的話，途中青花就會不夠，無法形成漂亮的漸層效果。

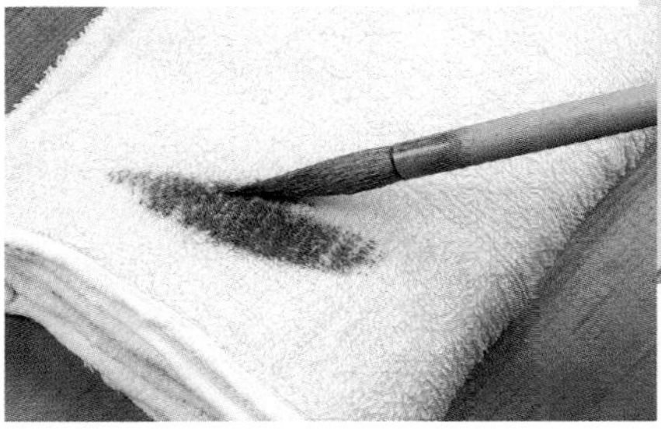

以毛筆的前端吸取多餘的青花

將毛筆的水分瀝乾，插入青花點染的部分，就會如同滴管一般將多餘的青花吸取出來。

青花的種類與燒成方法的差異

鈷藍有許多不同的種類，各自的色調及發色都不相同。在這裡舉代表性的 2 種青花來比較看看。

古代青花

「古代青花」是含有青色顏料，發色良好的鈷藍，因此經過氧化燒成仍舊能得出穩定的青色調。

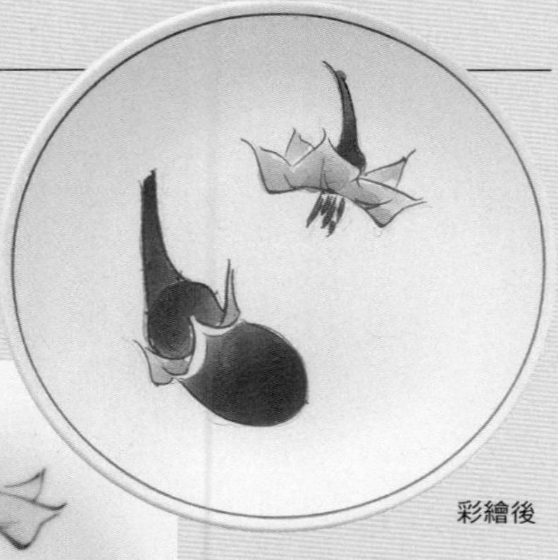
彩繪後

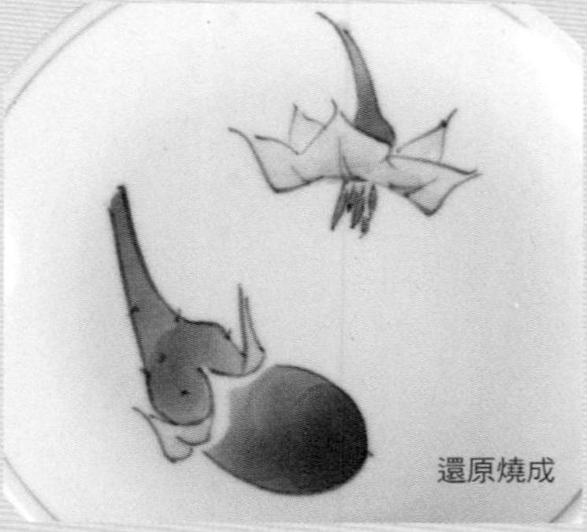
還原燒成

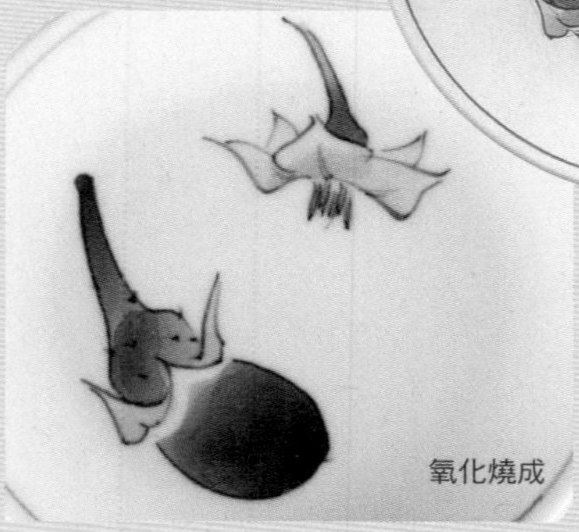
氧化燒成

※ 燒成試樣的土坯為瓷土

舊青花

名稱的由來代表的是「以前使用的青花」。以前的青花因為不純物較多，發色狀態較為低調。現在有以人工的方法刻意重現那種沉穩氣氛的產品，也就是現在的「舊青花」。

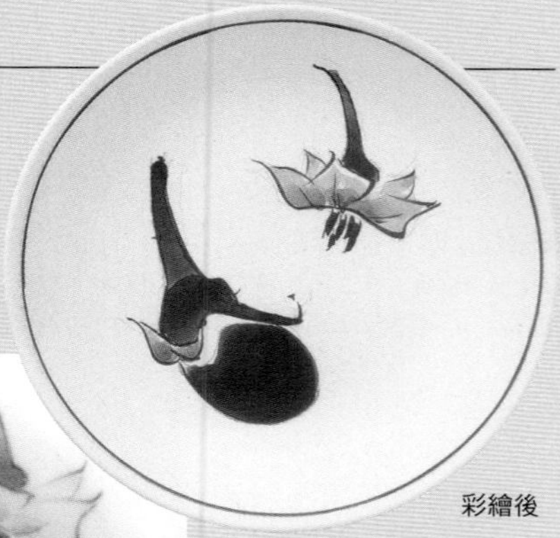
彩繪後

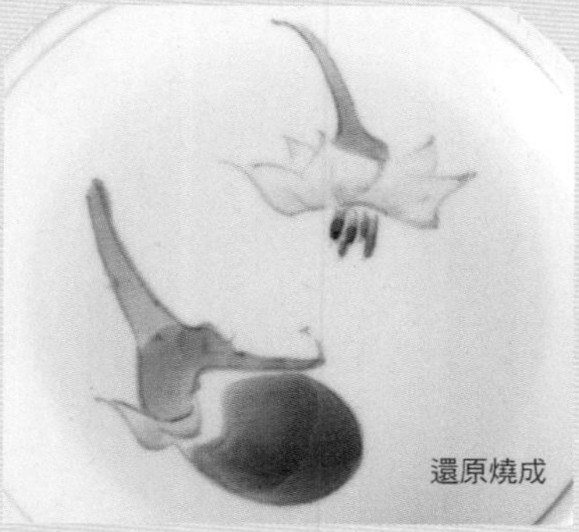
還原燒成

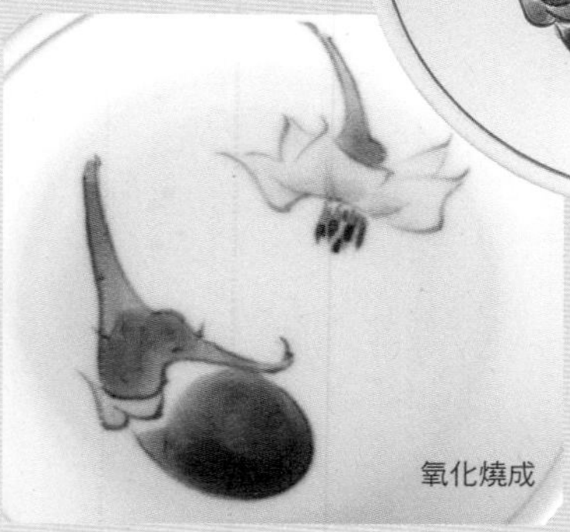
氧化燒成

※ 燒成試樣的土坯為瓷土

黏土的種類與燒成方法的差異

這裡以 3 種不同的土坯來比較看看青花的發色。
這 3 種土坯都是白色土坯，不過燒成後的色調各有不同。

瓷土（日本陶料的「特上石」）

質地細緻，幾乎不含鐵分的透光性素坯，可以讓青花的發色最為鮮艷。

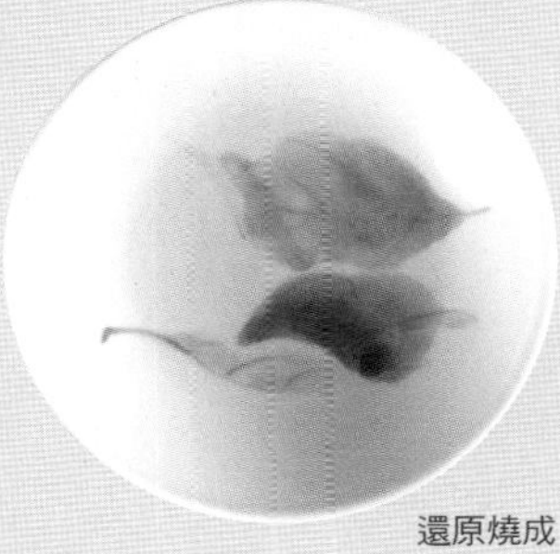
還原燒成

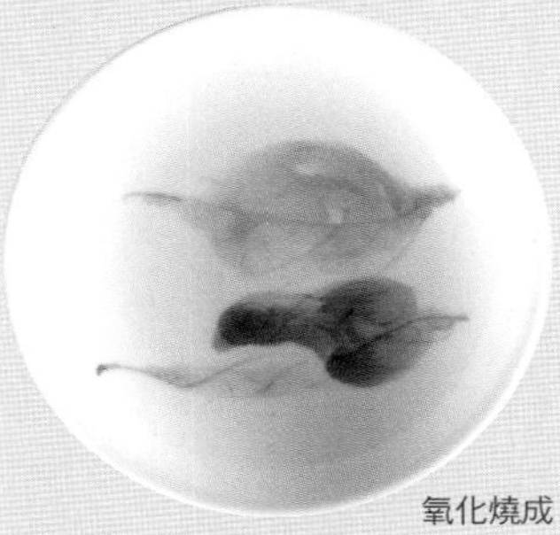
氧化燒成

白土（SHINRYU 的「古信樂微粒」）

以白土來說，依據鐵分的含量及顆粒的狀態不同，青花的發色就會不同。

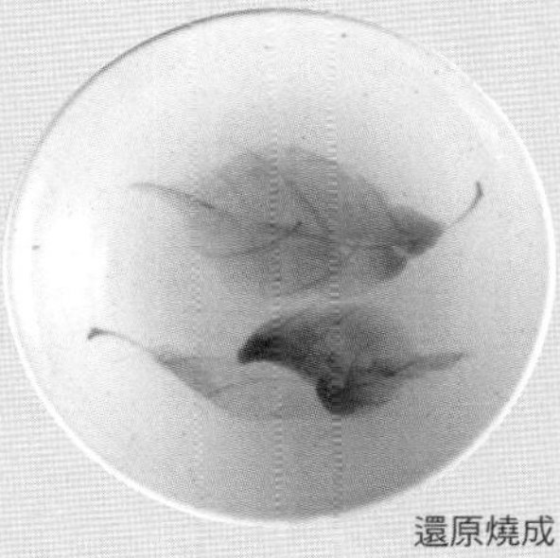
還原燒成

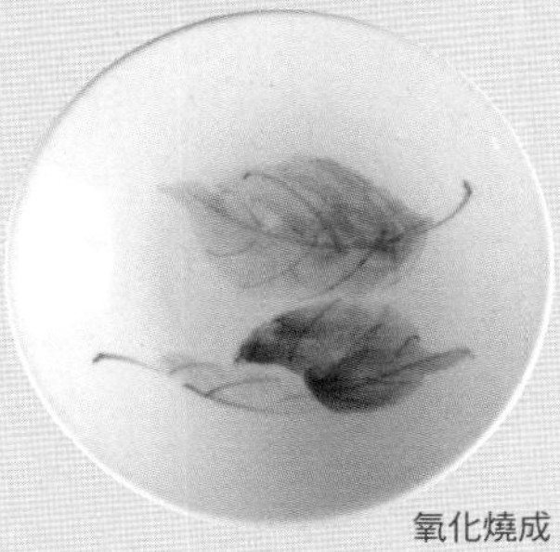
氧化燒成

白化妝（赤土加上白化妝）

青花的發色很漂亮，但因為赤土的鐵分呈現出塗布不均的感覺，形成獨特的景色。

還原燒成

氧化燒成

65 各式各樣的釉上彩顏料。「金銀彩」「赤繪」「西畫顏料」「日本畫顏料」「光瓷」

釉上彩呈現出華麗風格

釉燒後，再一次800℃前後（註）燒付的釉上彩，可以得出低溫燒成所特有的鮮艷色彩。此外，也可以藉由金銀彩及光瓷這類顏料呈現出如金屬般的光澤。諸如此類在本燒中不可能呈現的發色，能夠為器物帶來華麗及艷麗的風格。

不過，釉上彩因為是以低溫燒付的關係，造成的難處是赤繪及金銀彩這類顏料的定著性不佳，也容易受到損傷。此外，有些顏料放入微波爐後會產生變色，所以器物在燒成後的處理方式也需要多加注意。

在這裡要依照不同的種類，為各位分別解說具有代表性的釉上彩。

金銀彩

將金或銀燒付在器物上。其他還有白金或鈀金這類的顏料。材料（顏料）有液體、粉末、箔紙狀等等不同的狀態。

※ 細節請參照第 105 頁

左側的照片是使用箔紙狀的金銀彩。上側的照片則是使用金泥（由金粉溶製而成的產品）的金彩。

赤繪

以鐵為主成分的顏料，自古以來就作為瓷器的釉上彩使用。在日本以有田的柿右衛門最有名。

※ 細節請參照第 104 頁

上側的照片是用赤繪以濃彩的方式描繪。右側則是轉動轆轤描繪出來的線紋。

註：燒成溫度會因為釉上彩顏料的種類及製造廠商而有所差異。

西畫顏料

發展於西方的不透明釉上彩顏料。特徵是色數眾多，而且可以用西畫的描寫方式描繪。使用混入明膠或漿糊的水，或是油性的溶劑來調製顏料。

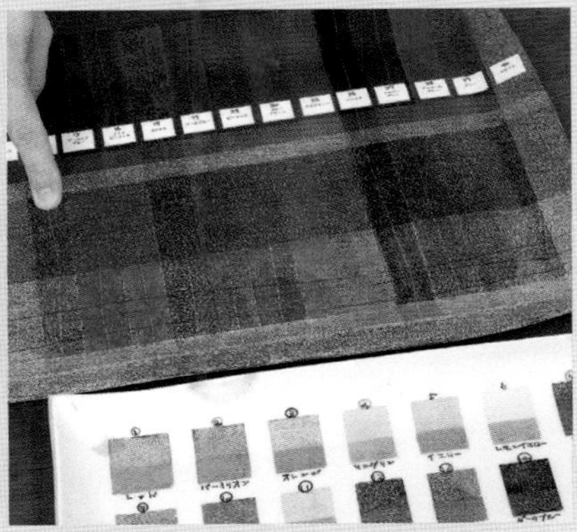

左側是將西畫顏料以海綿塊拍打塗布的作品。右側則為其色樣。

日本畫顏料（玉藥）

在日本自古以來用於釉上彩的顏料。特徵是如同釉藥般的玻璃質，具備透明感。因為經常是塗上厚厚一層的關係，由形狀得名又稱為玉藥。通常會先以黑色描骨描繪出輪廓後再塗布上色。

※ 細節請參照第 106 頁

照片左側是以九谷燒的日本畫顏料描繪的作品。右側則是其色樣。

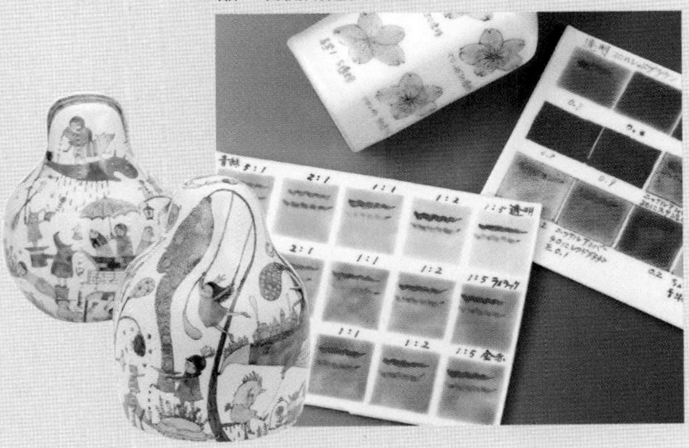

光瓷

光瓷的特徵是如珍珠般閃閃發亮的獨特質感。這是由於金屬的氧化皮膜所造成的現象。顏料本身就是液體，所以很簡單地就能夠進行彩繪。

※ 細節請參照第 107 頁

光瓷與金彩組合搭配後的作品

66 「赤繪」的發色愈研磨愈鮮艷

赤繪要先充分研磨後再塗布

赤繪在釉上彩中屬於較為獨特的顏料。由於成分與弁柄非常接近的關係，所以也可說是鐵繪的親戚。因為鐵很容易乾燥變硬，所以為了要讓赤繪能夠發色鮮艷，必須要將顆粒充分研磨細緻。研磨不夠的話會呈現出紅黑色，而且定著性也不佳。

此外，燒成溫度也很重要。通常，會在800℃前後進行燒成，燒付的狀態依據土坯的種類不同而有差異，溫度過高的話，發色會變得不佳。

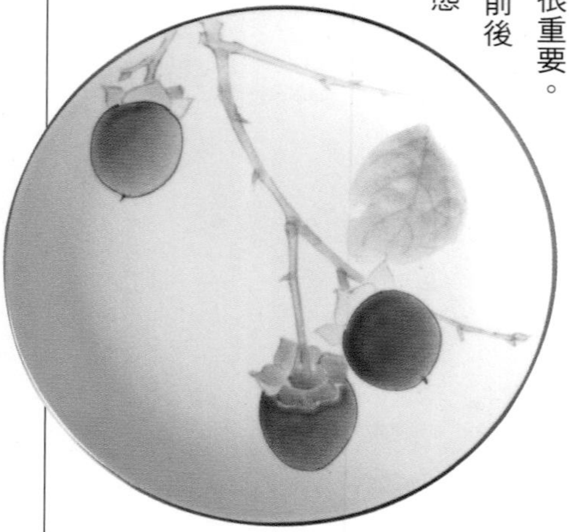

以赤繪描繪柿子

①加入水及鹿角菜膠，在玻璃板上仔細地研磨至顆粒變得細緻。這時顏料會呈現出些微的黏稠感。

②研磨完成後，裝至小碟，加水稀釋，調整濃度。

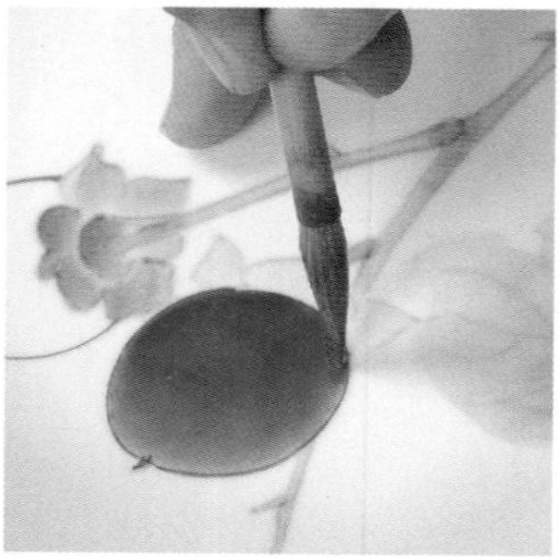

③以濃顏料勾勒出輪廓線後，將淡顏料以濃彩技法的要領，一邊點染一邊上色。

準備描線用的濃顏料與濃彩用的淡顏料，進行試描繪。

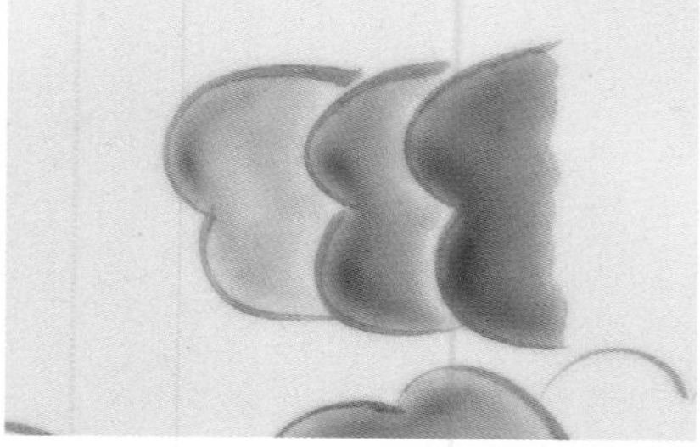

經過釉燒後的坯體不會吸收水分，不易乾燥，所以要經常使用吹風機一邊乾燥，一邊作業。

67 金彩與銀彩有各式各樣的不同種類

各異其趣的不同質感

金彩與銀彩的素材種類眾多，即使同為金彩或銀彩，也會因為各自的素材不同，在燒成完成時呈現出不同的氣氛。此外，不同素材的操作方便性也都不同。在這裡要為各位解說「液體」「粉末」「箔紙」這3種素材，以及其各自的特徵。

最容易操作的是液體顏料，有些產品可以直接使用來上色。粉末的顏料要與膠、糊等等混合、研磨後才能塗布上色。操作最困難的是箔紙。既容易形成皺摺，進行燒付的時候也需要技術。

液體（金液・銀液）

最容易操作的素材。基本上是以原液直接塗布後燒成即可。燒成溫度為800℃前後。特徵是燒成後不易顯現出上色時的塗布不均。

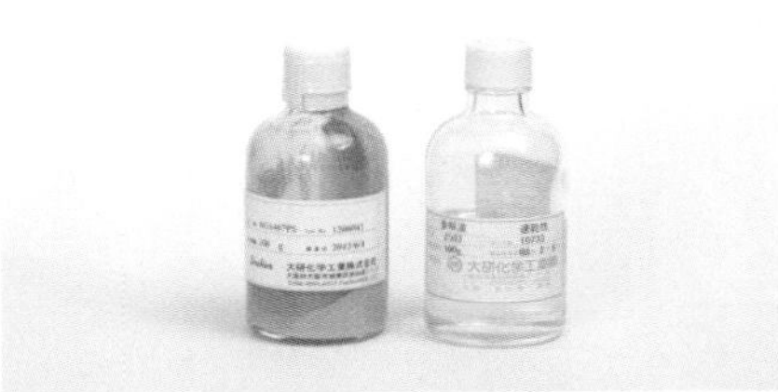

銀液（左）及稀釋液（右）。銀液要稍微稀釋後使用。燒成後經過打磨可以呈現出光澤。

將蓋子以金液與銀液施加彩色的作品

粉末（金泥・銀泥）

將被稱為消粉的粉末狀的金粉、銀粉加入唐土（鉛白）後稍微混合，可以讓燒付的狀態更佳。加入水及鹿角菜膠，在玻璃板上研磨過後再上彩色。

銀泥。將銀的消粉與水、鹿角菜膠混合後，放在玻璃板上研磨。

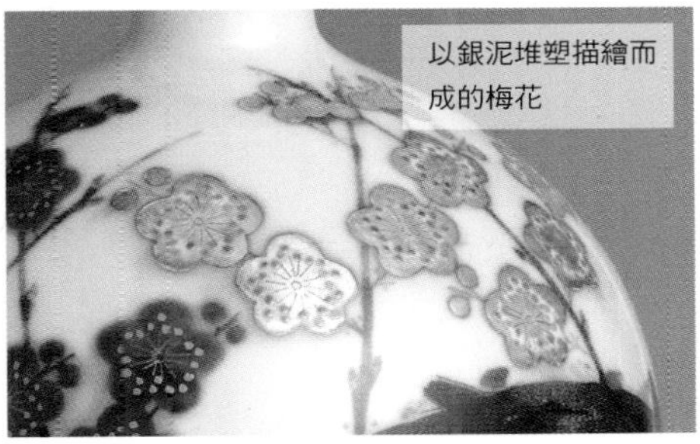

以銀泥堆塑描繪而成的梅花

箔（金箔・銀箔）

將漆藝使用的金箔拿來燒付。如果只有箔紙的話，會無法燒付定著，所以要在底層塗布釉上彩顏料等等，當作熔接材來使用。

金箔。既薄而且纖細，操作方法困難。

貼有稱為「上澄」厚箔的作品

68 「日本畫顏料」要厚厚地塗上一層

以玻璃層呈現透明感

其他的釉上彩顏料與日本畫顏料的較大差異在於「玻璃層」。與其說是顏料，不如說是低溫的色釉較為正確吧。

日本畫顏料是在透明的低溫釉中加入金屬顏料之類使其發色。因此，與釉藥的色釉相同，依據釉藥層（玻璃層）的厚度不同，發色也會有所變化。如果想要製作成較深的色調，就必須要有某種程度的厚度，因此也就需要厚厚地塗上一層堆高才行。

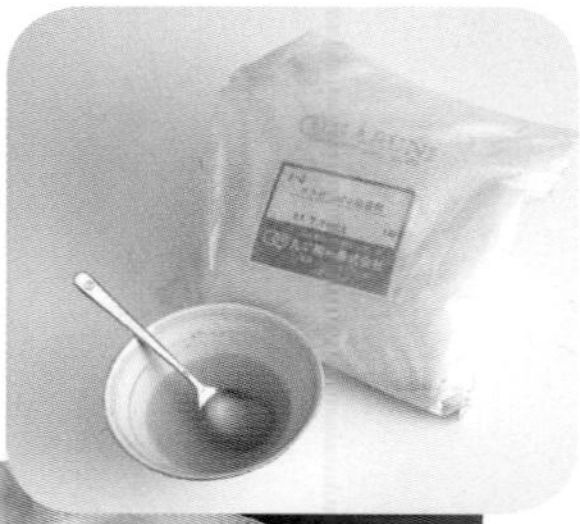

將粉末的釉上彩顏料與水和鹿角菜膠（右側的照片）混合。添加鹿角菜膠的目的是為了要增加定著性。

在乳缽中充分研磨至沒有結塊為止。

塗布明膠乾燥後素坯上施塗赤繪。赤繪乾燥後，再厚厚塗上一層綠色的日本畫顏料。以約 800℃燒成。

以稀薄的明膠溶液擦拭表面使釉上彩顏料更容易上色

藉由以稀薄的明膠溶液擦拭處理，可以在釉藥表面形成消光狀的薄膜，使顏料更容易上色。此外，也可以同時擦掉用手拿起時附著在表面的油分。

用紗布沾取稀薄的明膠溶液後擰乾。擦拭要進行彩繪的部分。

69

呈現出如珍珠般光輝的「珠光瓷」

可以輕鬆享受樂趣的珠光瓷

釉上彩的珠光瓷與在古波斯陶器上施彩的光瓷不同。

因氧化金屬的被膜而呈現的珍珠狀的光輝，會因為光線的照射方式不同，而產生各式各樣的變化。

只需要直接塗布，然後再以約750℃燒成即可完成，是一種任誰都能輕鬆享受樂趣的顏料。

全面塗上珍珠光瓷液的作品

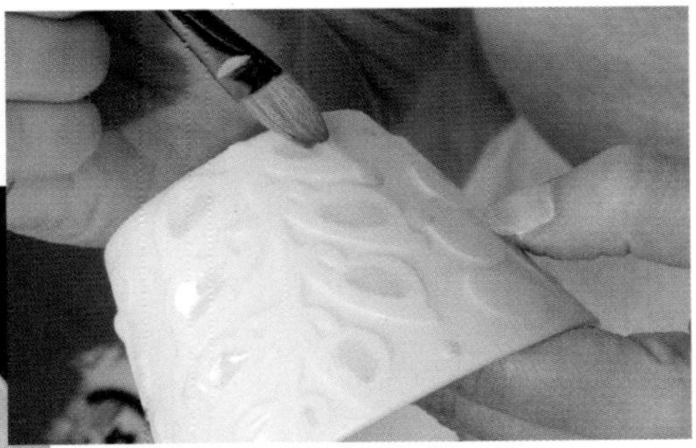

塗上以專用的珠光瓷液稀釋後的真珠光瓷液

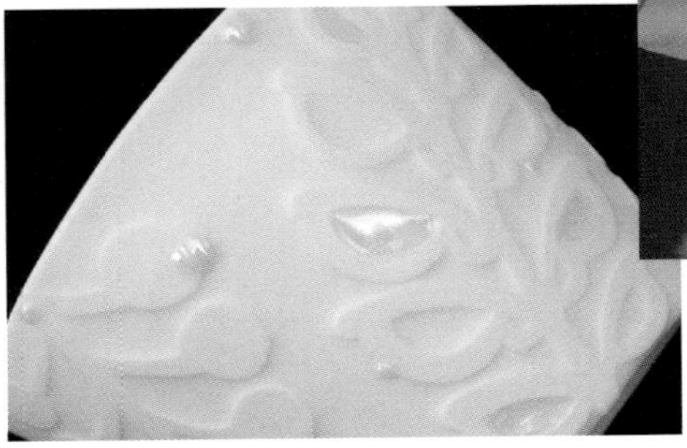

以 750℃燒成的作品

珠光瓷液要
稀釋約 2~3 倍後使用

珠光瓷液如果太濃的話，燒成時容易產生收縮。請以專用的珠光瓷液稀釋 2~3 倍後再使用。

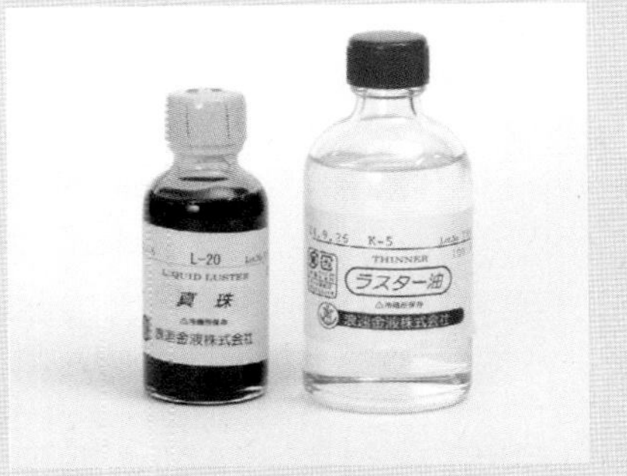

珍珠光瓷液與稀釋專用的珠光瓷液

簡單就能自己製作的便利施釉工具

市面上有販售浸釉夾、長柄杓以及噴霧器這類，配合不同用途各式各樣的施釉工具。大部分的施釉工具都是以盡可能不沾上指痕為目的，可以讓後續的修補作業變得稍微輕鬆一些。這裡介紹的施釉工具，只需要將鐵絲裁切或折彎即可製作。能夠讓大小在 21cm 以下的碟盤在施釉作業完成後，只需要再以最小限度的修補作業即可。尺寸的調整及手持方法可能稍微有些困難，不過請嘗試著製作一次看看吧。

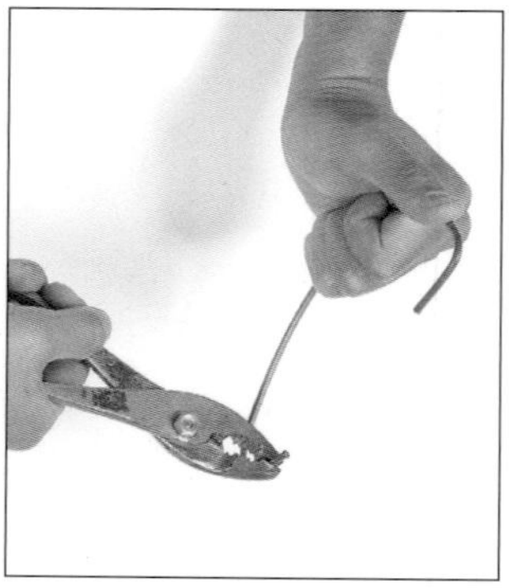

以鐵絲製作

將直徑 3mm 的粗鐵絲以鉗子折彎，調整成配合器物的形狀。

中指勾在鐵絲上，用拇指、食指及小指撐住圈足，保持穩定。

※ 鐵絲過長的話，手指就無法碰觸到圈足，因此長度的調整相當重要。

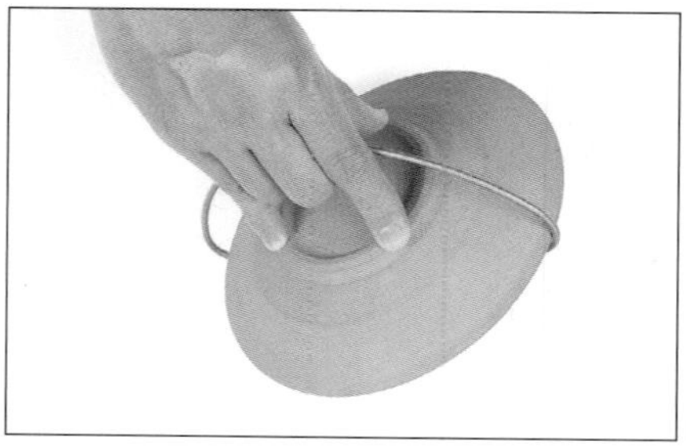

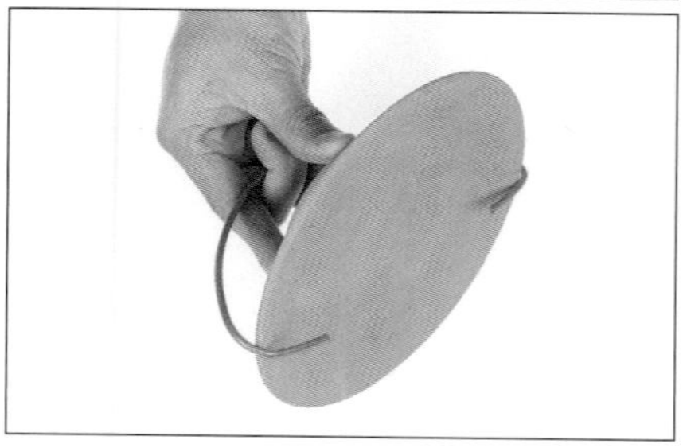

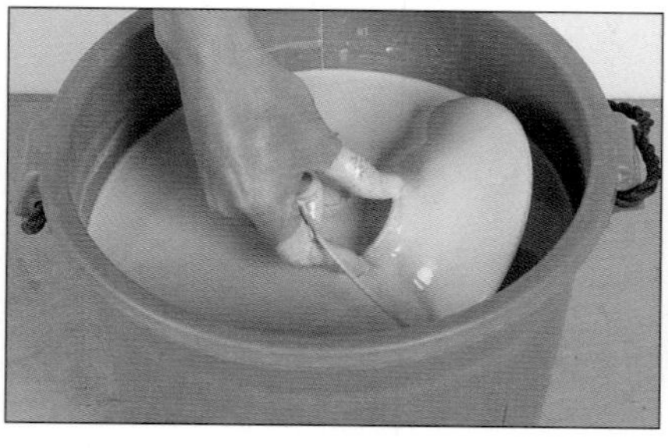

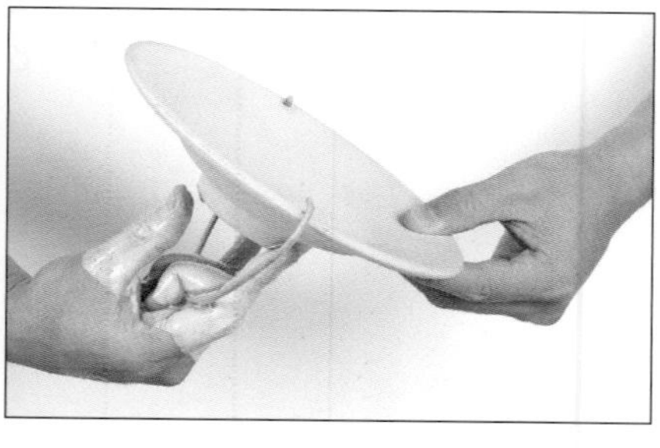

浸入釉藥後，等待至乾燥後可以手持邊緣為止。當可以手持邊緣後，輕輕地取下鐵絲進行修補作業。

※ 施釉後的修補作業，因為附著在邊緣的鐵絲痕跡少，因此作業量也少。

Chapter 07 施釉篇

70 素坯與釉藥在施釉前需要做的準備

施釉的準備會決定好壞

陶藝的製作工程中，施釉是最後的重要作業。同時也隱藏了辛辛苦苦製作的作品，稍有不慎就會一瞬間全部化為烏有白費工夫的危險在其中。

施釉要想做得好，重點就在於素坯與釉藥的準備工作得做好。素坯要施加研磨處理，釉藥要通過篩網去除結塊。濃度的調整也很重要。此外，還要仔細思考要用什麼方法施釉？準備好需要的容器及工具。

不要嫌棄這樣的準備作業麻煩，仔細地的執行每個步驟，對施釉來說是最為重要的。

① 研磨處理（去除毛邊）

素燒後的素坯要施加研磨處理來使表面平順。不過，若是研磨處理過度的話，會減損土味，所以請控制在最小限度的必要處理即可。

轆轤成形的作品主要是以有經過磨削的部位為中心進行研磨處理。不過視作品風格及使用的釉藥而定，也有不需要經過研磨處理的情形。

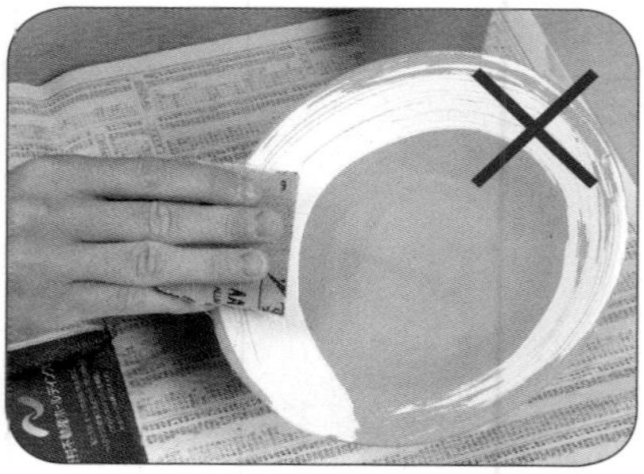

刷痕這類以化妝土裝飾過的部分因為很容易脫落的關係，原則上不進行研磨處理。

經過「蚊帳紋化妝」、「剔花」以及「飛鉋」處理的情形，只要輕輕地研磨處理即可

既使是經過化妝土裝飾的作品，如果因為剔花、飛鉋而產生毛邊的話，還是要輕輕地施加研磨處理。此外，蚊帳紋的表面若有讓人在意的粗糙狀態時，也可以輕輕地研磨處理。

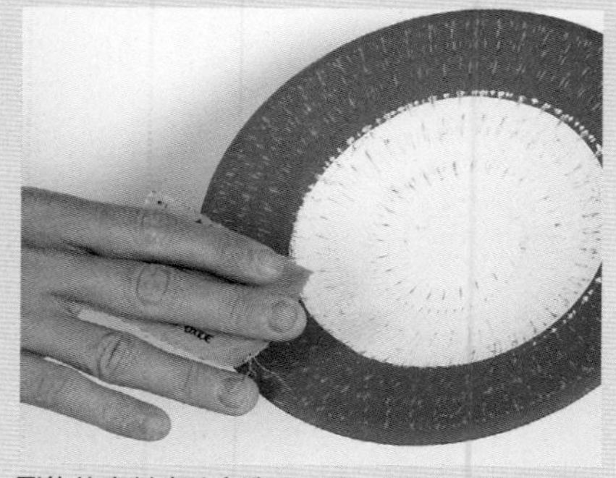

飛鉋的磨削痕跡會造成毛邊，因此要稍微地研磨處理。

② 用水擦拭

以濕潤的海綿塊將研磨處理產生的粉屑擦掉。就算沒有經過研磨處理，也有可能附著灰塵，所以務必要用水先擦拭過。素燒如果過度濕潤的話，釉藥的吸附會變得不佳，請多加注意。

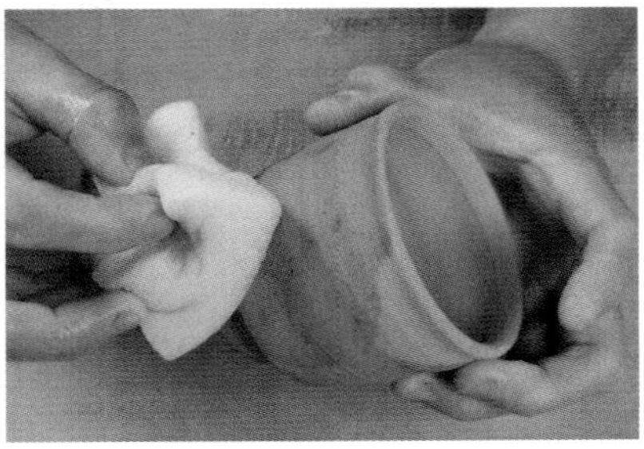

※ 關於撥水劑塗布方式的細節請參照第 114 頁

③ 溶製釉藥

因為釉藥的原料都是以較重的礦物為中心，所以經過一段時間就會發生沉澱凝固。施釉前必須要將釉藥回復到分散均勻的狀態才可以。

預先準備鐵分較多的釉藥用的「紅色」與白色釉藥用的「白色」篩網。大多會使用到的是 30．60．80 目的篩網。

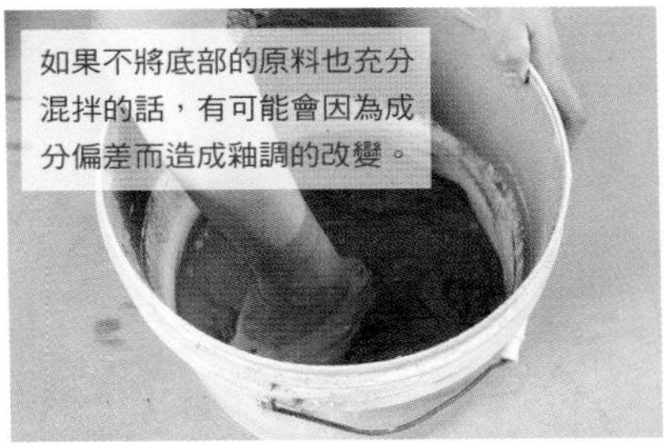

如果不將底部的原料也充分
混拌的話，有可能會因為成
分偏差而造成釉調的改變。

調整濃度時，為了方便作業，若有上層水的話，可以先稍微倒出一些水到別的容器，再用手攪拌混合。將底部的原料也攪拌均勻後，再通過指定目數的篩網去除結塊。

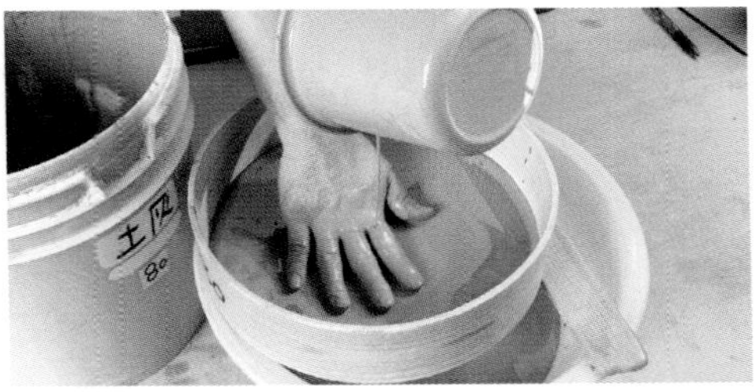

④ 調整濃度

施釉的準備工作中，最重要而且也是最困難的就是濃度的調整。確認濃度的方主要有 2 種。在素燒片上試驗施釉後剔除，然後確認其斷面的方法以及使用濃度計確認的方法。

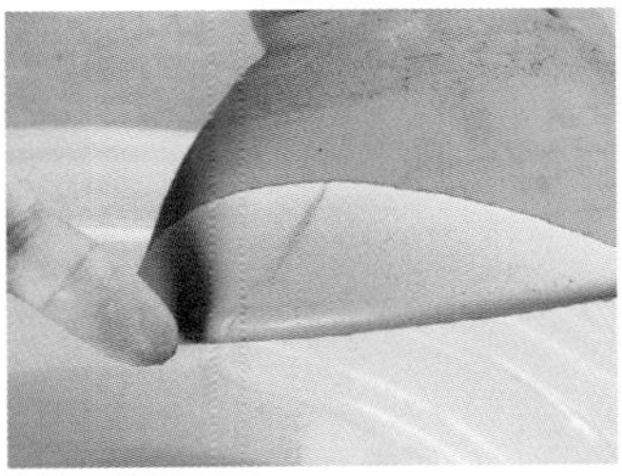

試驗施釉後剔除，確認斷面的方法。雖然需要經驗，但因為可以重現實際上施釉的狀況，相對容易做出正確的判斷。

以濃度計（英耳比重計）量測。因為需要一定深度的關係，建議倒至寶特瓶進行量測較佳。濃釉藥因為顆粒阻抗過大的關係，無法正確量測。

71 不同種類的撥水劑會有不同的效果

區隔使用撥水劑

撥水劑有好幾種不同的種類，分別有不同的優缺點。配合用途區隔使用撥水劑，才能達到效率佳、外觀漂亮，作業起來也便利許多。

這裡為大家介紹的2種是「Spatter撥水劑」與「CP-E」。

粉紅色的Spatter撥水劑在原液的狀態下非常濃，呈現黏稠狀。可以使用煤油這類溶劑調節成喜好的濃度，在塗布時就不易垂落相當便利。

紫色的CP-E撥水效果非常好，乾燥後會變硬。塗布在釉藥上可以有固化底下的釉藥的效果，所以在重塗上釉時相當好用。

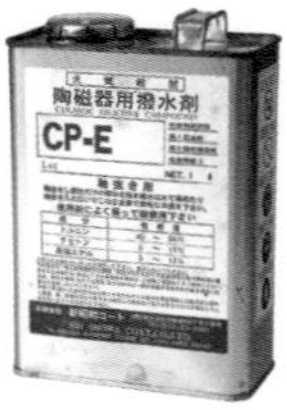

CP-E

以原液的狀態直接使用。變濃之後也無法再稀釋，所以一定要分次取出必要的數量來使用。塗布在釉藥上的撥水效果也很高，還有能夠固化釉藥的效果。

Spatter 撥水劑

使用煤油及稀釋液來調整濃度。是一種對筆刷的傷害較少，操作容易的撥水劑。如果塗布在釉藥之上撥水效果會變弱，所以不適合在區隔施釉的時候使用。

塗布在釉藥上時使用 CP-E

諸如區隔施釉以及重塗上釉這種需要在釉藥上塗布撥水劑的情形，要使用撥水效果較高，而且有固化釉藥效果的 CP-E。

塗布 CP-E 的地方，即使在施釉後以海綿擦拭，釉藥也不容易剝落。

※ 細節請參照第 127 頁

72

使用撥水劑時的注意事項

一點小用心可以讓作業更有效率

撥水劑雖然是便利的材料，但同時也是麻煩的材料。手上如果沾上撥水劑再去碰觸素燒坯的話，釉藥就會變得不容易附著。或是撥水劑一不小心就會垂落在工作桌上造成污損。相信有像這樣經驗的人應該不少吧。

在這裡要為各位一併介紹撥水劑操作時的注意事項以及小訣竅。

為了避免潑撒出來時需要多餘的養護作業，請將裝有撥水劑的容器以及筆刷放在托盤上面作業。

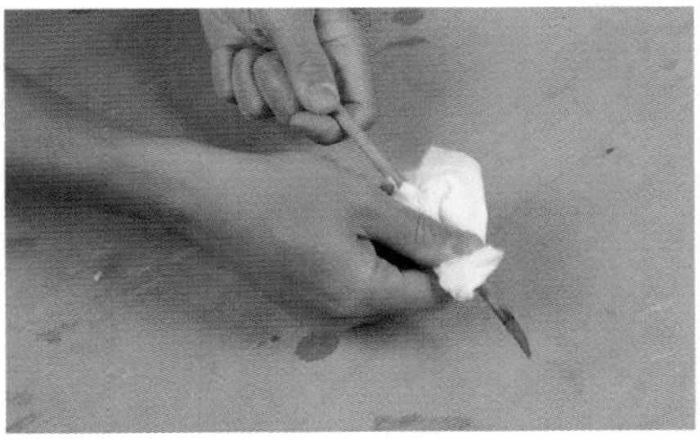

使用前請先擦拭筆身，以免拿筆的時候撥水劑沾附到手上。

將必要的使用量倒入附有蓋子的密閉容器中使用。倒入容器的作業請在托盤或報紙上進行。

塗布撥水劑的作業時，請預先在工作桌上鋪設報紙。

使用後的筆刷，直接擦拭乾淨即可。就算筆尖變硬，下次使用時，撥水劑也會有溶劑的效果而軟化。

撥水劑溢出範圍時可以用磨削的方式修補

撥水劑如果沾附到非必要的位置，可以用素燒的方式燒掉撥水劑，或是用砂紙來將撥水劑磨掉。如果選擇以砂紙研磨處理的話，請研磨至以濕潤的海綿塊擦拭，水分也不會被撥開的程度。

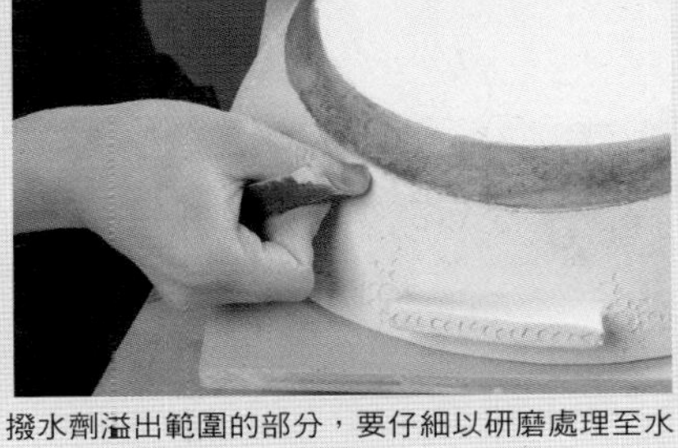

撥水劑溢出範圍的部分，要仔細以研磨處理至水分不會再被撥開為止。

73 撥水劑塗布於底面時，需考慮「器物的形狀」與「釉藥的種類」

想像釉藥的流動狀態

燒成中的釉藥，會因為受熱而熔化，一邊產生氣泡，一邊化為麥芽糖狀。這個時候釉藥會膨脹起來增加體積。有些釉藥這時候就會開始流動。之後冷卻硬化時會變化成玻璃狀，同時體積會向內收縮。

將撥水劑塗布在作品的底部時，不要漫無目的一個樣地塗布撥水劑，而是要像這樣想像燒成中的釉藥變化，針對每件作品、每種釉藥來考量塗布的方式。

普通的釉藥要在「琢面部分」或「由底部 2mm 左右」的位置塗布撥水劑

透明釉或無光白釉這類不會流動的釉藥，只要保有從底部算起 2mm 左右的空間就沒問題了。不過厚塗上釉的釉藥在膨脹時會有沾附到硼板的可能性，所以要預先塗布較多的撥水劑。

在茶杯的圈足塗布撥水劑。放置於轉盤的中心，一邊旋轉，一邊塗布，就能塗布得漂亮。

毛筆沾取少量的撥水劑，側鋒以約 45° 角碰觸圈足的邊角，就能剛好多塗布 2mm 左右的部分。

圈足較小的場合，以擦拭去除釉藥亦可

施加不流動的釉藥，而且作品的圈足較小時，也可以不塗布撥水劑直接施釉，後面再以擦拭的方式去除釉藥。
以琢面處理的感覺，順便將邊角也擦拭至平滑。不過如果底面較寬廣時，擦拭起來會比較辛苦，還是塗布撥水劑較好。

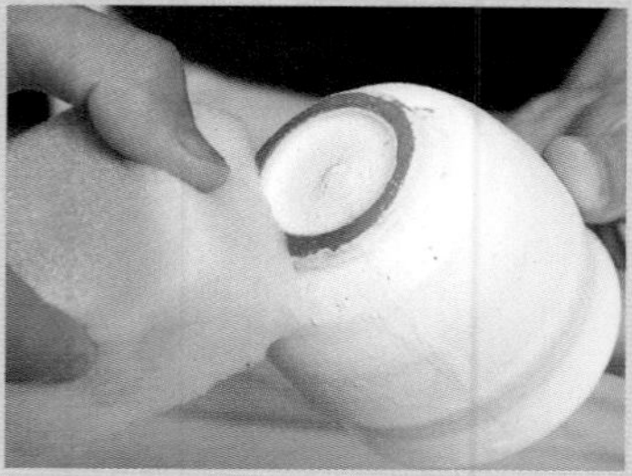
用海綿塊抵住圈足的邊角，以琢面的感覺進行擦拭。

容易流動的釉藥要多塗布 5~10mm 左右的撥水劑

像是織部釉這類含有銅的釉藥，或是像白萩釉這類含有藁灰的釉藥都很容易流動，因此需要事先研擬對策。至於會流動到何種程度，因為燒成溫度條件不同的關係，無法一概而論。不過只要由底部多塗布 5~10mm 撥水劑來做好養護就可以了。

※ 關於燒成方法的注意事項請參照第 138 頁

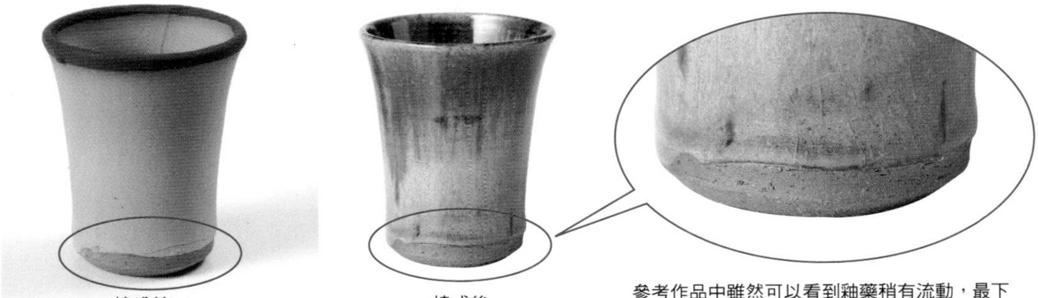

燒成前　燒成後

參考作品中雖然可以看到釉藥稍有流動，最下方出現釉藥堆積，但沒有持續流動到底部。

沒有圈足的皿板在塗布撥水劑時，要考慮到來自邊緣垂落的釉藥

對於底部平坦的皿板來說，因為不容易掌握撥水劑要塗布到哪裡才好，一開始要先以鉛筆將位置參考線標示出來，當作塗布位置的參考。

將鉛筆平放在工作桌上，插入皿板的邊緣，抵住背面旋轉 1 圈。這麼一來，就能夠在皿板底面碰觸到的桌面（窯中的硼板） 旳位置標上記號。

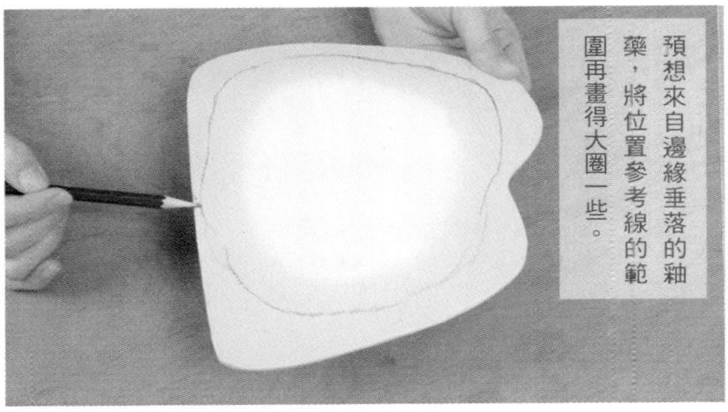

預想來自邊緣垂落的釉藥，將位置參考線的範圍再畫得大圈一些。

參考位置參考線的線條，決定塗布撥水劑的位置。預想來自邊緣垂落的釉藥，將位置參考線的範圍加寬 1~2 cm。外觀的部分也要多加注意，將素燒的部分製作成整齊的形狀。

74 調製沉澱變硬的釉藥，需要先將上層水倒掉

讓釉藥原料從水壓中解放出來

有些釉藥不光是會發生沉澱，甚至還會出現在底部變硬結塊的狀況。

這是因為釉藥調合的原料比重以及性質所造成。要完全根絕沉澱是不可能的事情。

此時如果嫌麻煩只取上層來溶製釉藥的話，就會因為沒有混合到沉澱在底層的成分，造成成分比例產生變化，對釉調產生影響。

當我們要溶製沉澱變硬的釉藥時，先要盡可能倒掉上層水，讓原料從水壓中解放出來。這麼一來，堆積在底部的釉藥變得容易崩解分散，可以用湯匙等工具挖取，一邊攪開，一邊再次溶製成釉藥。

將變硬的釉藥再次溶製的方法

① 盡可能倒掉上層水。將倒掉之上層水再拿來溶製調合時使用。

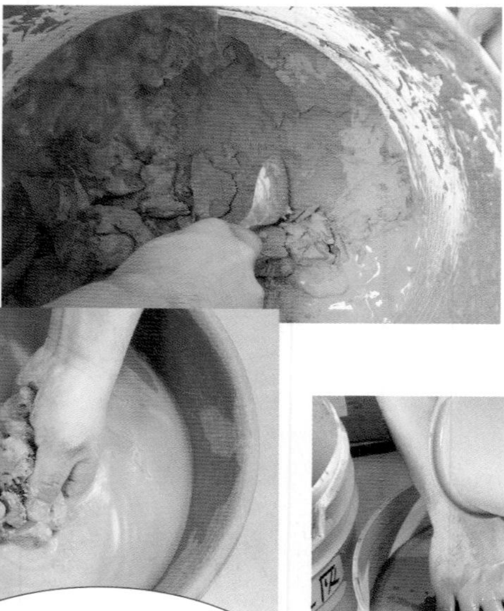

② 用湯匙挖取底部的釉藥，一邊用手攪散，一邊倒入上層水溶製調合。

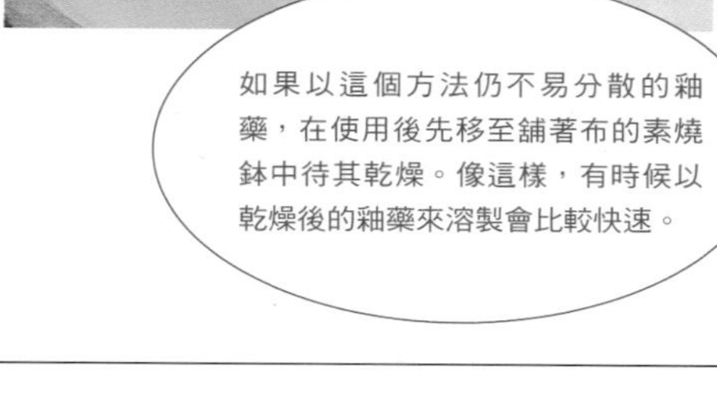

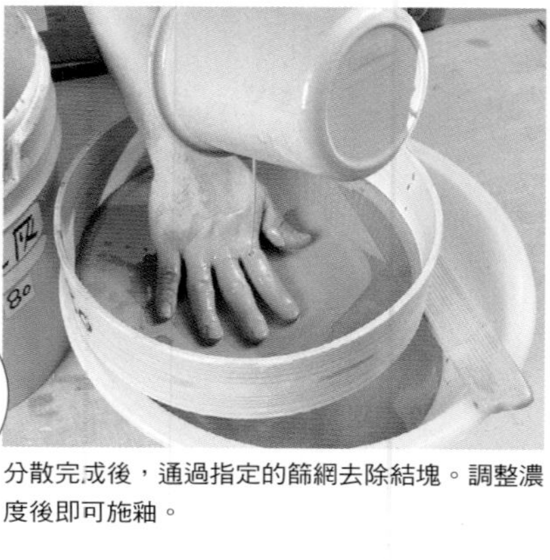

分散完成後，通過指定的篩網去除結塊。調整濃度後即可施釉。

如果以這個方法仍不易分散的釉藥，在使用後先移至舖著布的素燒鉢中待其乾燥。像這樣，有時候以乾燥後的釉藥來溶製會比較快速。

75 茶壺的施釉需注意蓋子與蜂巢

蓋子與蜂巢是施釉的重點

在茶壺施釉最需要小心處理的就是蓋子與蜂巢。施釉時要小心蓋子不被熔接黏住，蜂巢則要注意孔洞不要被填埋。

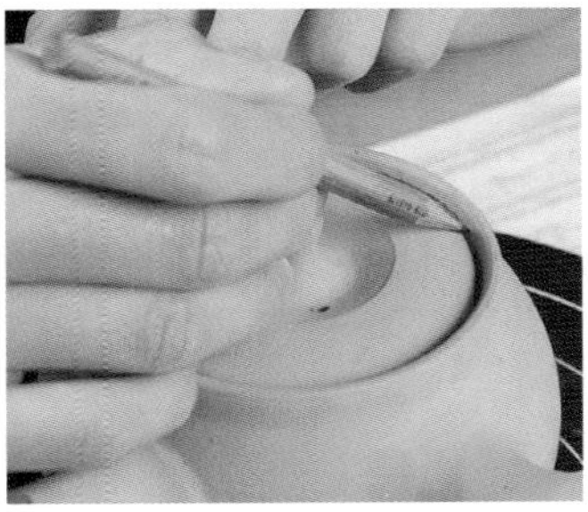

① 將蓋子放在蓋架上，用鉛筆在緊接著蓋子高度的位置劃線。

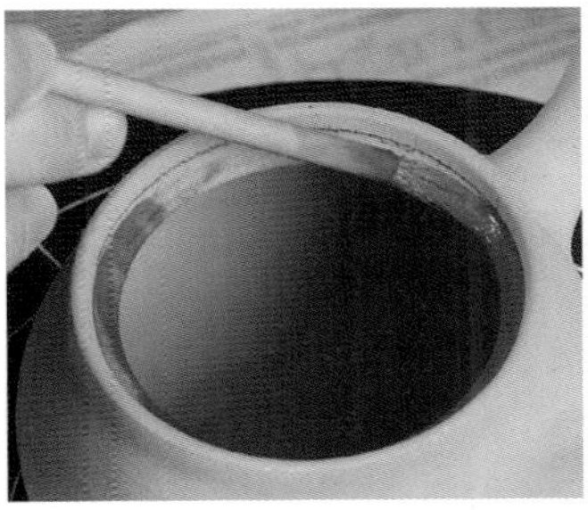

② 以劃好的線為參考，在本體的蓋架上塗抹撥水劑。

③ 蓋子會接觸到本體的蓋架部分也要塗抹撥水劑。記得邊緣也要一併塗抹。

只讓蜂巢呈現吸水飽合狀態，施釉時便不會再吸附釉藥。

④ 即將施釉前，以毛筆沾濕蜂巢。

⑤ 將4根手指伸入本體，撐在蓋架上固定住。浸入釉藥，一邊向上舉高，一邊上下翻轉，倒出裡面的釉藥。

⑥ 放置於桌上，馬上用吸管將附著在蜂巢上的釉藥吹開。

⑦ 用毛筆擦去附著在蓋架上塗抹撥水劑部分的釉藥。

⑧ 將氧化鋁粉末以煤油溶製後，塗抹在蓋架上。

氧化鋁粉末如果用水溶製的話，會因為撥水而無法塗抹上去，請務必使用煤油或稀釋劑溶製。

76

各式各樣的施釉方法及其優點、缺點

	優點	缺點
手	· 可以輕鬆又安全地施釉 · 即使釉藥較少仍能施釉 · 施釉作業快速	· 指痕較大，修整耗時 · 容易出現釉藥垂落，造成施釉不均
浸釉夾	· 痕跡較少，施釉外觀漂亮 · 修整輕鬆	· 釉藥較少時，不易施釉 · 有些器物形狀不易夾取 · 不等乾燥就無法放置，作業速度慢
長柄杓	· 即使釉藥較少仍能施釉 · 作業速度快 · 可以呈現出獨特的施釉不均外觀	· 容易出現施釉不均 · 要經過練習才能施釉得漂亮
噴霧器	· 少量的釉藥就能施釉大型器物 · 可以呈現出獨特的漸層效果	· 必須有較大的作業空間 · 容易弄髒房間 · 用口吹氣噴霧的話，需要耗費體力
網子、鐵絲	· 痕跡較少，可以施釉得很漂亮 · 少量的釉藥就能施釉	· 必須自行製作施釉工具 · 尚未熟練時，作品容易掉落

手

手是最簡單的施釉工具，但因為會留下較大的指痕，後續的修整比較耗費工夫。不過視作品而定，活用指痕也能呈現出景色。

浸釉夾

浸釉夾因為只會稍微留下一點點痕跡，想要漂亮的施釉時非常好用。難處是如果釉藥較少的話，不好施釉。

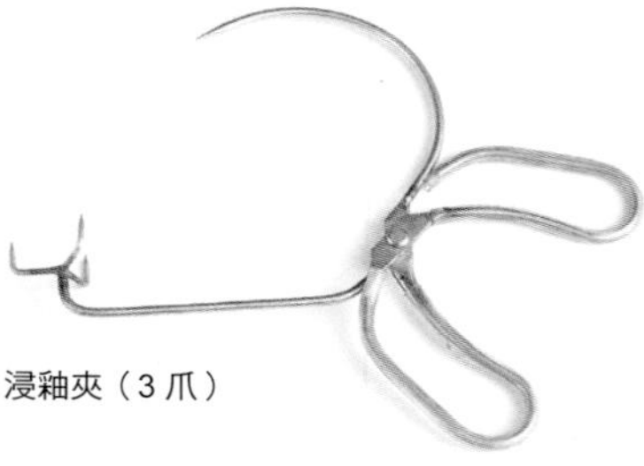

浸釉夾（3 爪）

長柄杓

少量的釉藥就能施釉，作業速度也很快。然而，這種施釉方法會留下獨特的施釉不均，如果想要對器物整體平均的施釉時就不適合了。反過來說，若想活用施釉不均的外觀時，這是很有效的方法。

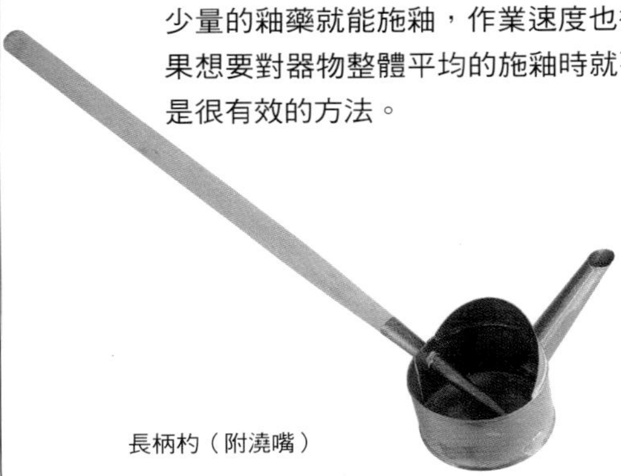

長柄杓（附澆嘴）

噴霧器

使用噴霧器只要少量的釉藥就能夠施釉。容易在大型器物上施釉，也可以呈現出獨特的漸層效果裝飾。然而，施釉時需要寬廣的空間，房間內也容易變得污損。此外，如果沒有空氣壓縮機的話，對體力來說也是負擔沉重的作業。

噴霧器

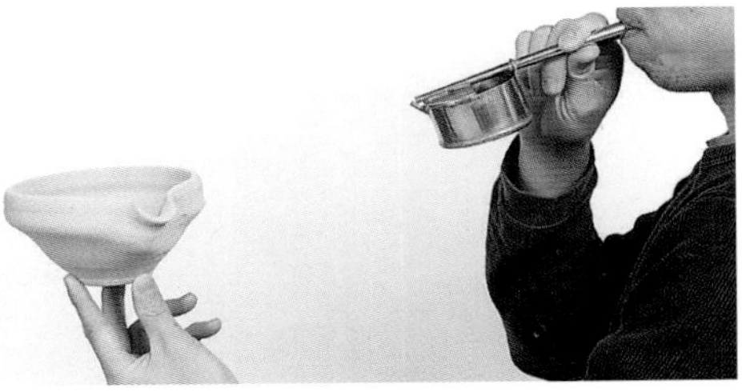

網子、鐵絲

如果能配合器物的大小，準備數種大小不同的網子，作業起來會更加便利。痕跡較少，而且以少量的釉藥就能夠施藥。然而市面上沒有販售這種產品，所以必須要自行動手製作。再者，使用方法必須熟練之後才能施釉得好。

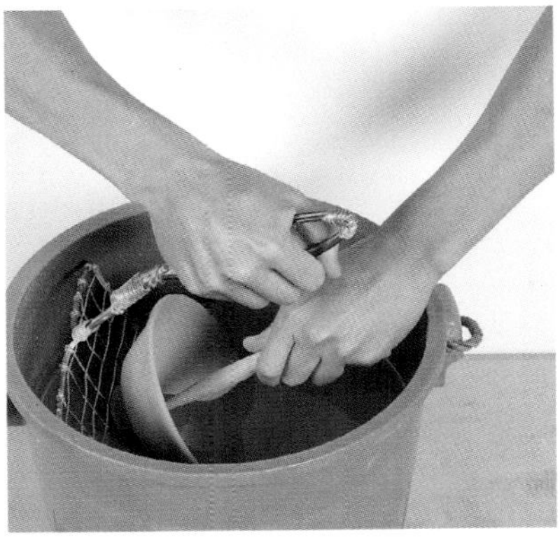

自行製作的施釉網

77 將釉藥平均施釉時的大原則

釉藥的浸泡時間要均等

除了刻意呈現出釉藥的塗布不均來形成景色之外，施釉的基本就是要將釉藥以均等厚度施塗在器物上。此外，盡可能要減少修補的作業，以不留下痕跡的漂亮施釉為目標。

因此需要確實執行準備工作（參照第110頁），有計畫性的進行施釉才可以。最不可取的是漫無目的，水到船頭自然直的施釉態度。

在這裡要為各位解說，實際上在浸泡釉藥時，如何才能讓施釉厚度平均。重點在於盡可能讓器物的任何部分都浸泡釉藥中相同的時間。

以各部位都能浸泡相同時間的方式將器物浸入釉藥

浸泡在釉藥中的時間愈長，就會施釉得愈濃。因此，要想對器物整體平均施釉，就必須讓浸泡在釉藥中的時間也都相同才行。

以拇指扣住口緣的方式拿起作品，以傾斜的角度開始浸泡在釉藥中。

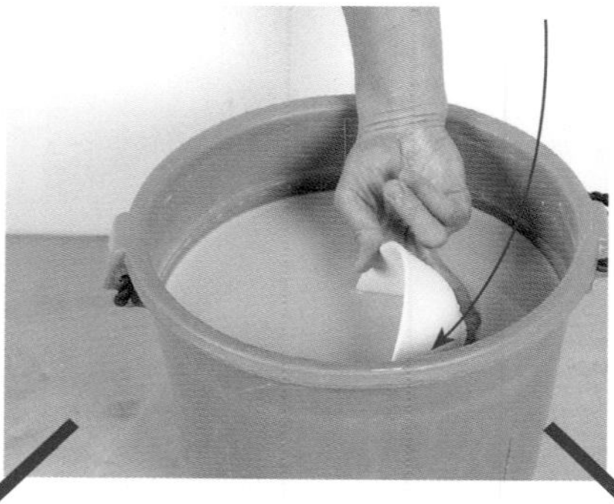

浸泡其中

器物浸泡的時間愈平均，釉藥的厚度也比較容易整齊。

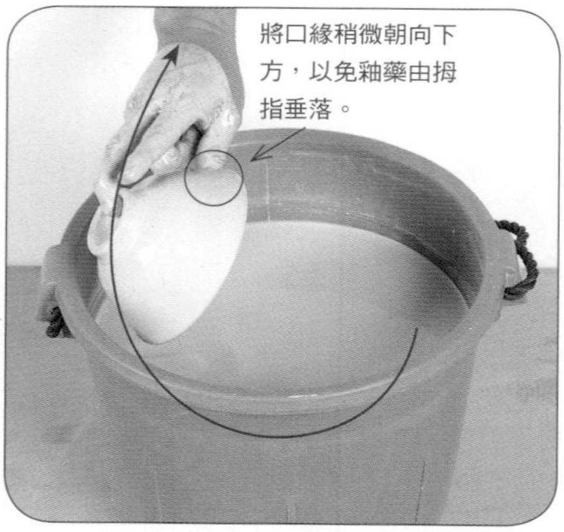

將口緣稍微朝向下方，以免釉藥由拇指垂落。

將器物泡進釉藥中，再由相反的方向將器物向上拉起。拉起後，口緣朝下稍作等待。

向上拉起

先浸泡的部分會與釉藥接觸的時間較長，容易形成厚度不平均的情形。

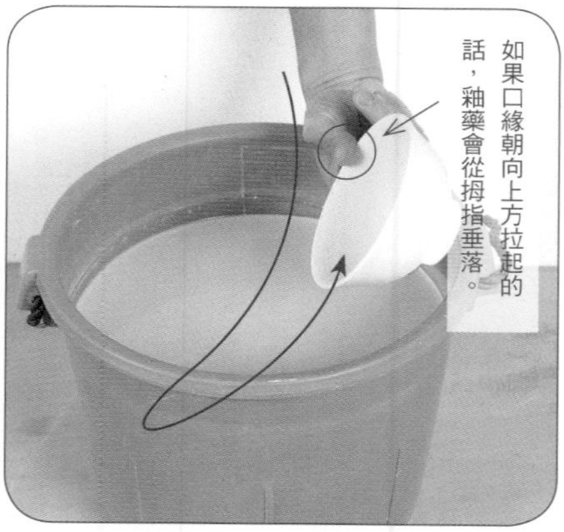

如果口緣朝向上方拉起的話，釉藥會從拇指垂落。

將器物整體浸入釉藥後，再以浸入時相同的方向抽出。

將淺碟浸入釉藥

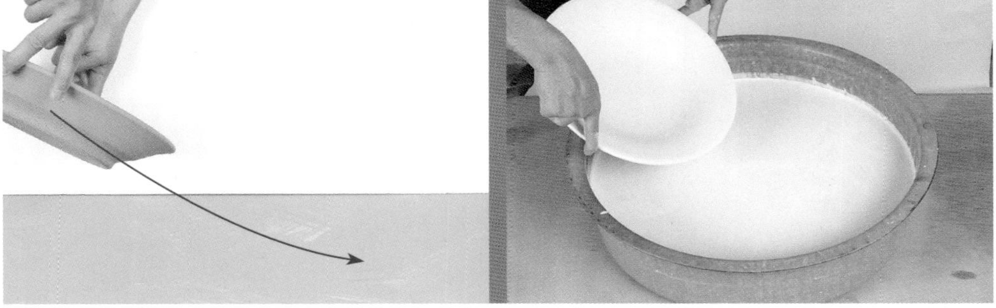

① 將調整過後的釉藥倒入大臉盆中。以左右兩根手指夾住淺碟。

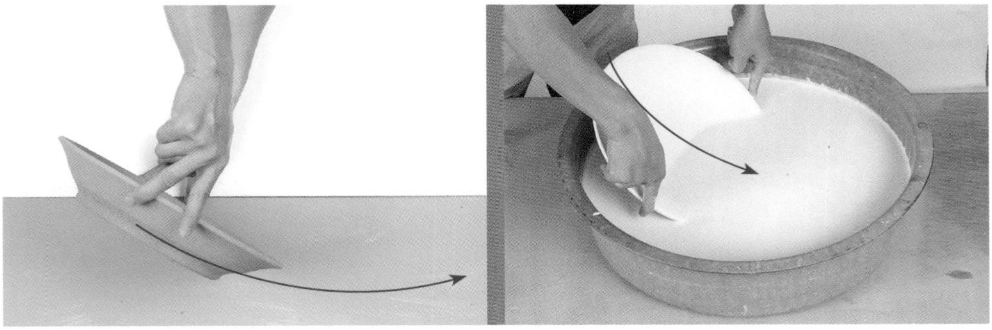

② 以傾斜的角度，由靠近自己這側慢慢地開始浸入釉藥。

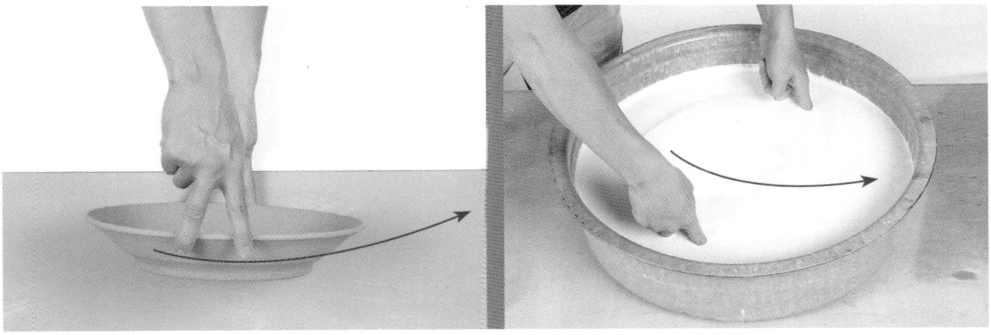

③ 以相同的速度，沉入釉藥中。

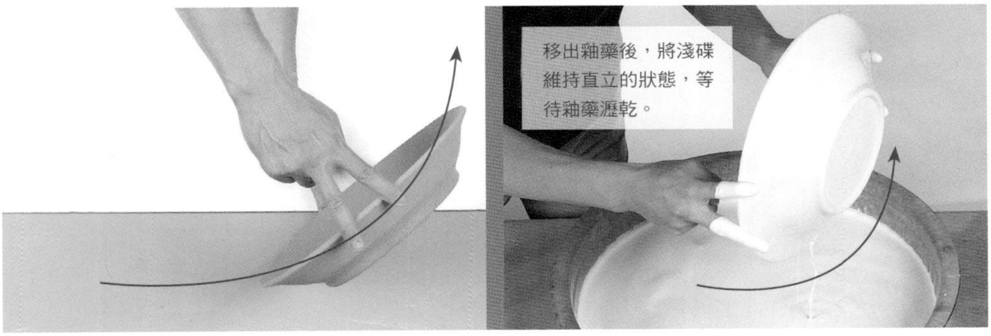
移出釉藥後，將淺碟
維持直立的狀態，等
待釉藥瀝乾。

④ 不要停下動作，用相同的速度從另一側以傾斜角度自釉藥中移出。將淺碟維持直立的狀態稍待片刻。

78 以較少的釉藥施釉在較大件作品的方法

即使釉藥較少，只要下點工夫仍然可以施釉

像大盤或是大壺這類的大型器物，光是塑形本身已經很不簡單，施釉作業更是困難，經常必須要絞盡腦汁來使作業順利。特別是如果沒有可以將整件作品浸泡其中的釉藥量時，除了可以2人合力以澆淋的方式施釉，也可以使用空氣壓縮機這類設備來施釉。

在這裡要為各位解說以2人合力來對大盤澆淋施釉的方法、使用空氣壓縮機施釉的方法，以及使用少量釉藥仍能浸泡施釉的方法。

以少量釉藥來對淺碟施釉

以 2 人合力對大盤施釉時，其中 1 人要旋轉作品，另 1 人則要負責將釉藥澆淋上去施釉。背面的部分是覆蓋於轉盤，一邊旋轉，一邊進行施釉。

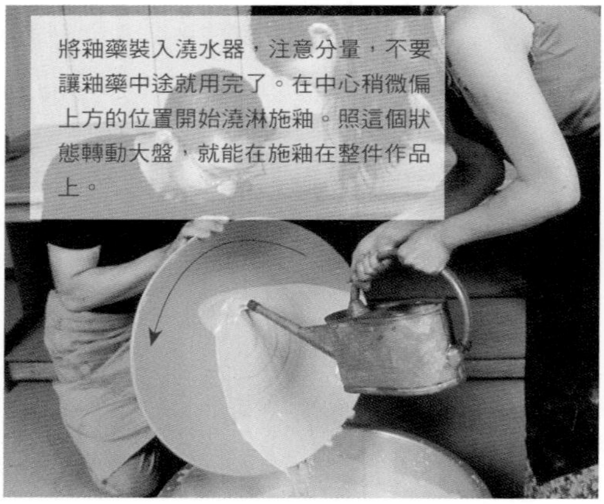

將釉藥裝入澆水器，注意分量，不要讓釉藥中途就用完了。在中心稍微偏上方的位置開始澆淋施釉。照這個狀態轉動大盤，就能在施釉在整件作品上。

以磚塊等物品稍微架高，然後將轉盤放置於臉盆中央。先鋪上毛巾，再將大盤覆蓋於其上，一邊旋轉，一邊澆淋釉藥施釉。

使用空氣壓縮機進行施釉

施釉在大型器物時，如果對著噴霧器以口吹氣來噴塗的話，太過耗費體力。此時可以使用電動的空氣壓縮機。

在瓦楞紙箱蓋上塑膠布，製作出簡易的作業區。為了安全起見，請配戴口罩及護目鏡再行作業。

不要忘了噴塗過幾圈，平均地將釉藥塗布上去。

以少量的釉藥對淺碟施釉

將臉盆傾斜，增加釉藥的深度後再行施釉。將一半的碟盤浸泡在釉藥中，以這樣的狀態旋轉碟盤，就能對整件器物施釉。

將磚塊墊在臉盆底部的
一側，讓臉盆傾斜

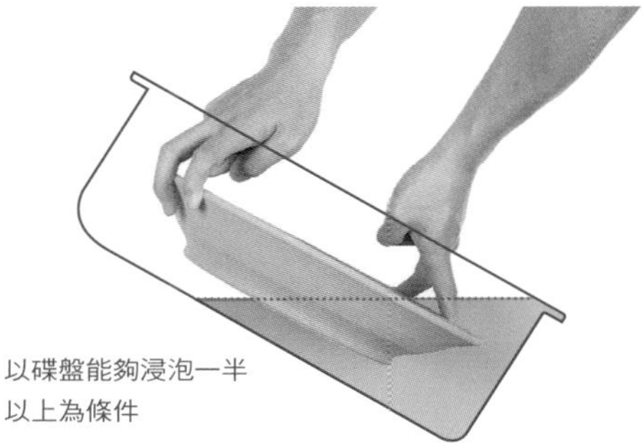
以碟盤能夠浸泡一半
以上為條件

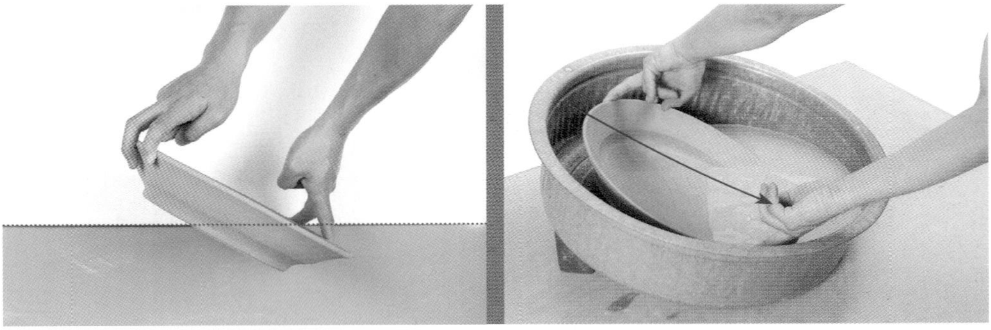

① 用手指夾住碟盤的口緣。配合臉盆的角度，讓碟盤跟著傾斜，維持這樣的狀態，一半浸泡至釉藥。

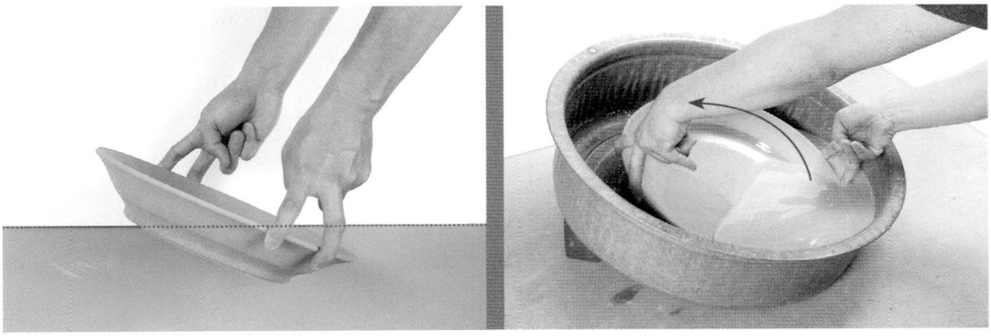

② 如此碟盤已經有一半浸泡到釉藥了。再以這個狀態，旋轉碟盤。

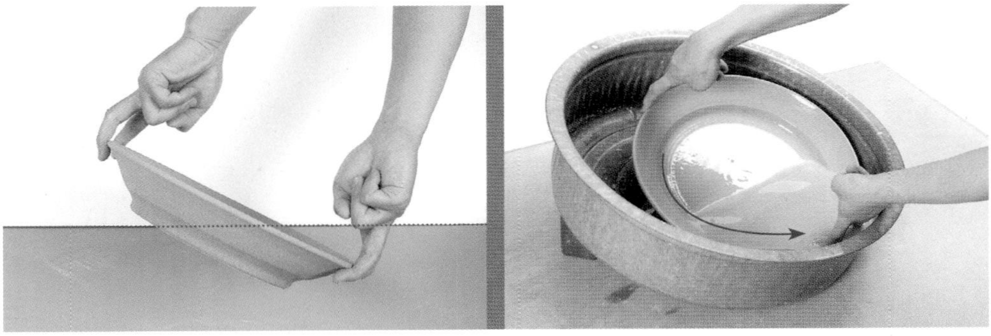

③ 繼續旋轉碟盤，直到整件器物都完成施釉後，將碟盤取出。

79

施釉後的修補作業會左右燒成完成後的狀態

要有耐心與細心

施釉的作業，大略可以分為「準備」「施釉」「修補」這3道工程。其中時間最短的是「施釉」，而依據所使用的釉藥，最後的「修補」有可能是最耗費時間的工程。

修補主要是包含了接下來的4項作業。

①擦拭附著撥水劑上的釉藥。
②在指痕上塗布釉藥。
③磨削釉藥較厚的部分。
④填埋微小孔洞。

因為上述任何一項作業偷工減料的話，都會影響燒成完成時的狀態，請有耐心且仔細地進行作業。

① 將塗布撥水劑的位置也擦拭乾淨

即使塗布了撥水劑，釉藥的水滴還是會沾附上去。如果不先擦拭乾淨的話，就會熔接在窯中的硼板上。

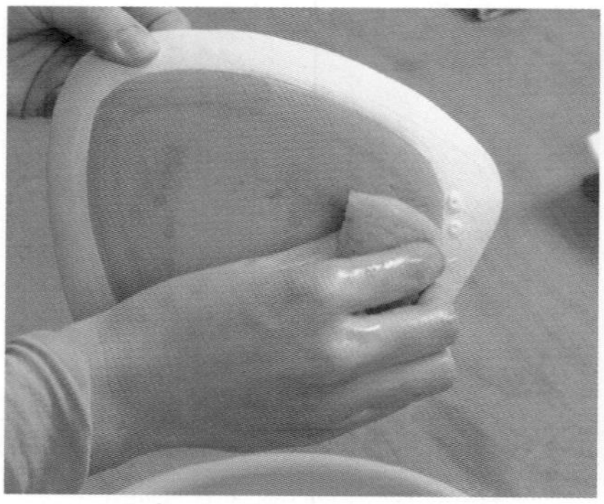

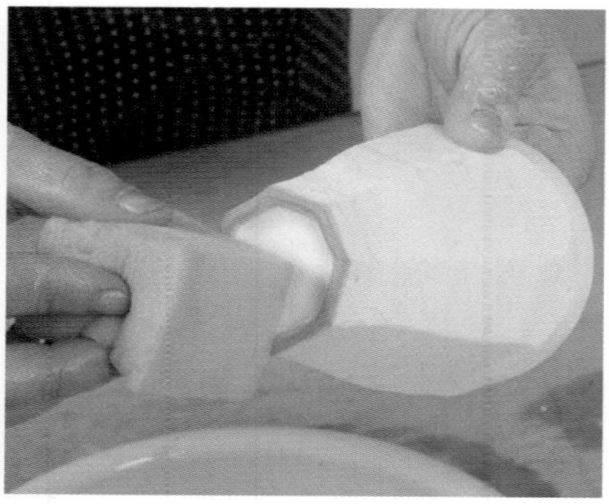

使用沾濕的海綿塊仔細的擦拭乾淨。一邊清潔海綿塊，一邊擦拭數回，最後要仔細確認是否已經擦拭乾淨。

修補過的作品，務必要放置於乾淨的板子上

好不容易用海綿塊將背面擦拭乾淨，如果又放置於受到釉藥污損的板子上，那就一點意義都沒有了。請先將板子擦拭乾淨後，再將作品放置其上。

② 在指痕上塗布釉藥進行修補

用毛筆沾取較濃的釉藥，在指痕上以堆高的方式塗抹修補。

將釉藥塗布至稍微堆高的狀態，然後再磨削修補。

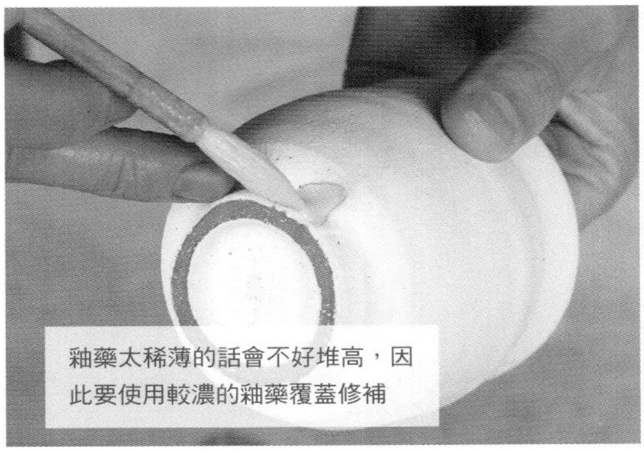

釉藥太稀薄的話會不好堆高，因此要使用較濃的釉藥覆蓋修補

③ 磨削釉藥較厚的部分

將堆高較厚部分的釉藥以劍型刀磨削，使釉藥的厚度平均一致。

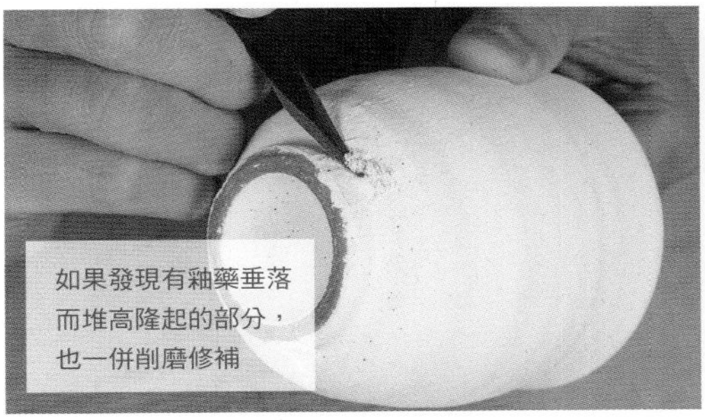

如果發現有釉藥垂落而堆高隆起的部分，也一併削磨修補

以劍型刀磨削後，用手指撫平表面。如果還有其他釉藥垂落的部分，也進行磨削處理。

活用指痕及微小孔洞的作品

像是志野燒及萩燒這類風格作品，有時會姑且保留指痕及微小孔洞，活用來當成作品的景色。

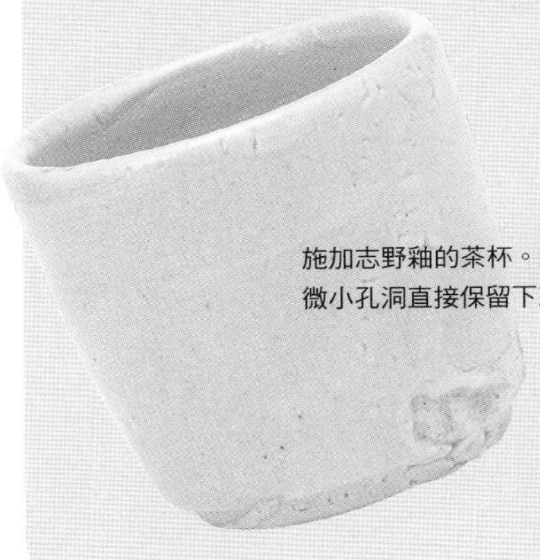

施加志野釉的茶杯。將指痕及微小孔洞直接保留下來活用。

④ 填埋微小孔洞

釉藥乾燥後，以摩擦表面的方式將微小孔洞（氣泡）填埋起來。如果是熔化後較易與周圍融合在一起的釉藥則無此必要。

等釉藥乾燥後再行作業。如果釉藥在潮濕的狀態，即使摩擦表面也不會出粉，這麼一來就無法填埋孔洞。

80 指痕亦為景色的日本美學意識

在工作的痕跡中尋找其趣

深植於日本的「侘寂」之心，不追求單只是美麗的事物，而是對有味道的材質感及色調、形狀表達喜愛，並在其中尋找到美感。

日本人對於殘留在陶瓷器物上源於自然及火焰帶來的餘韻，以及職人在工作中留下的痕跡，具備能夠當作是景色的一部分來品味的感性。此外，這些工作痕跡有時甚至能夠成為職人高超技巧的證明。

不過，像這種場合的「痕跡」本身必須得要美觀才行。如果只是因為圖個作業輕鬆而殘留下來的痕跡，那就一點意義也沒有了。到底也是經過刻意設計的，為了美觀才將其保留下來。

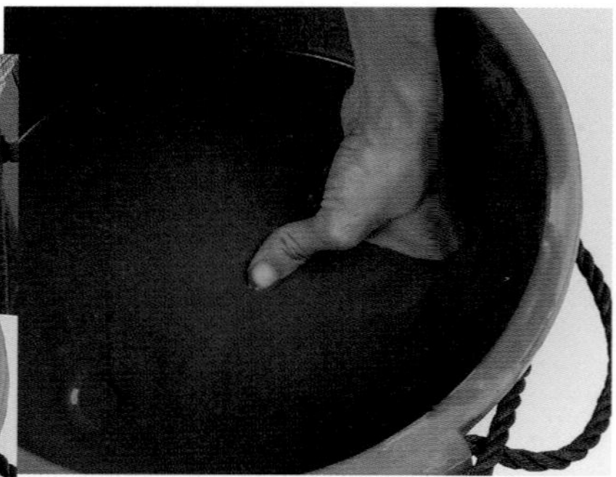

以留下指痕為前提，持有器物時的手指數量、位置都要事先決定。

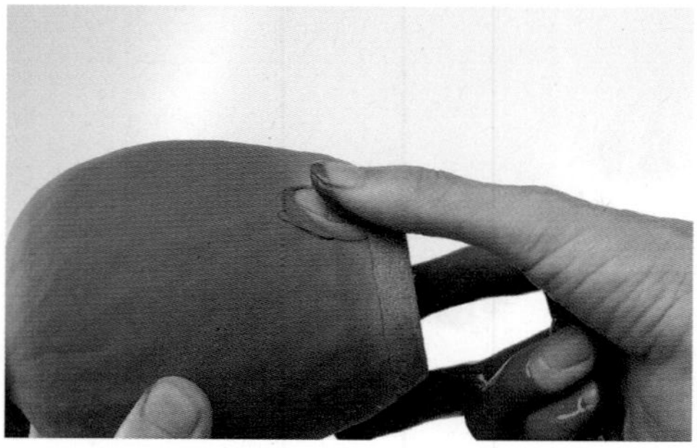

施釉後，指痕保留下來直接進入燒成。

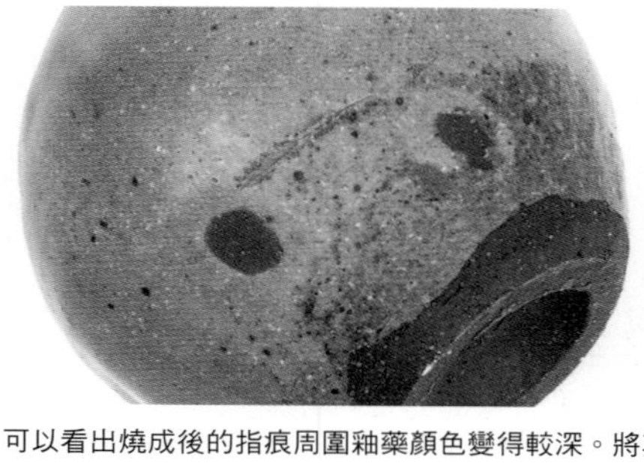

可以看出燒成後的指痕周圍釉藥顏色變得較深。將其當作模樣來欣賞也饒富趣味。

81 無隙縫區隔施釉的祕訣

使用CP-E（撥水劑）

要將2種釉藥區隔施釉時，先施釉的釉藥（A）以撥水劑遮蓋後，再施加接下來的釉藥（B）。這個時候如果使用撥水劑「CP-E」，因為塗布的部分有固化釉藥（A）的效果，即使以海綿塊擦拭邊緣，釉藥也不會剝落脫離。

活用這個CP-E的固化效果，就不需要在施加第一道的釉藥（A）之前，為了避免釉藥沾附，先對釉藥（B）的部分以陶畫膠進行保護的工程。可以先大範圍的施加釉藥（A），然後塗布CP-E後，再擦拭去除即可。

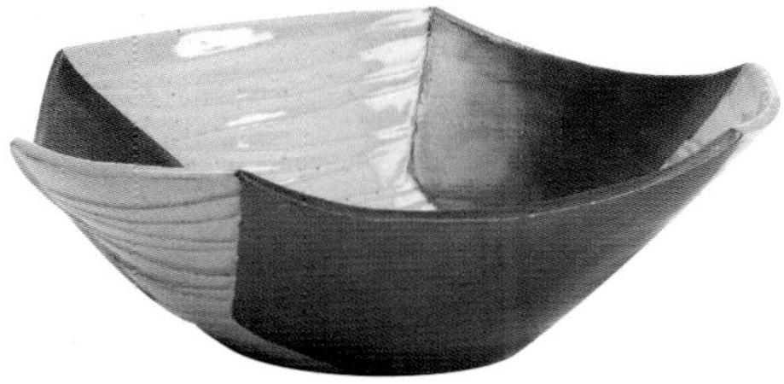

對區隔施釉的大鉢進行施釉

① 將第一道釉藥（A）以澆淋的方式施釉在比目標區塊更大的範圍上。

② 在想要留下釉藥（A）的部分塗布CP-E。

請一定要使用CP-E進行遮蓋

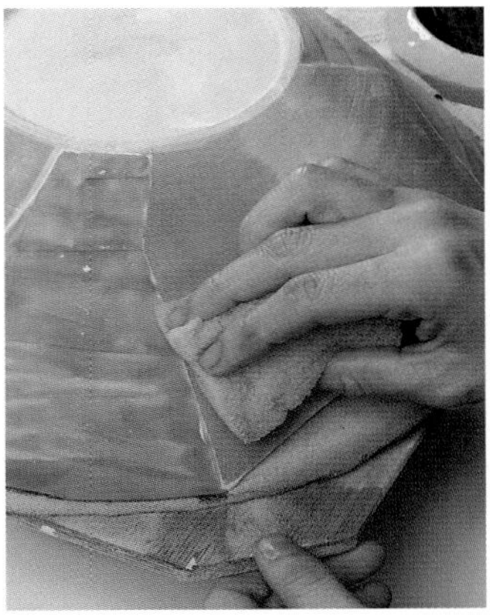

③ 將沒有塗布CP-E的部分的釉藥（A）以沾濕的海綿塊擦掉。稍待片刻使其乾燥。

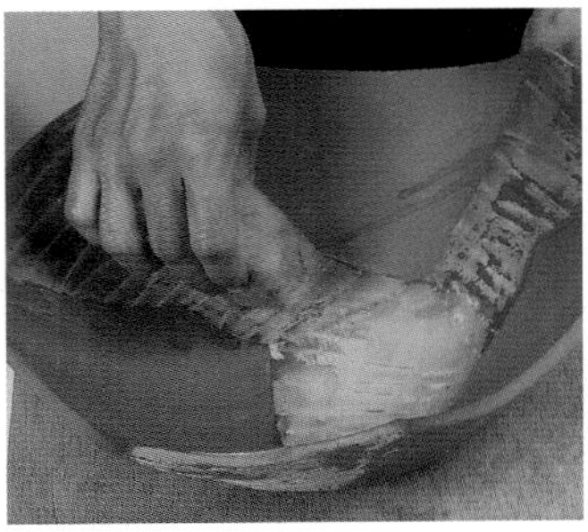

④ 浸泡入釉藥（B）進行施釉。將沾附在塗有CP-E部分的釉藥以海綿塊仔細地擦拭乾淨。

82 以簡單的釉藥調合來增加釉藥的種類

以基礎釉為基底來調整設計

如果只使用被稱為基礎釉的透明釉及無光白釉來進行調整設計的話，即使沒有科學方面的知識，也能夠享受釉藥調合的樂趣。

以 3 號透明釉為基底的調合範例

土灰釉	3 號透明釉（100）＋天然松灰（40）
無光白釉	3 號透明釉（100）＋菱鎂礦（15）
鈦結晶釉	3 號透明釉（100）＋氧化鈦（10）
黃瀨戶釉	3 號透明釉（100）＋天然松灰（10）＋氧化鐵（2）
飴釉	3 號透明釉（100）＋氧化鐵（7）
蕎麥釉	3 號透明釉（100）＋氧化鐵（7）＋碳酸鎂（5）
黑釉	3 號透明釉（100）＋氧化鐵（10）
織部釉	3 號透明釉（100）＋氧化銅（7）
瑠璃釉	透明釉（100）＋氧化鈷（1）

將釉藥調合後混合在一起

釉藥的調合務必先要量測乾燥狀態的原料之後再行混合。如果使用經過精製的原料，就不需要用到球磨機這類專業的機材。

① 將各原料量測後分開放置。
※為了防止量測失誤，原料請暫時不要混合在一起。

如果下層有水的話，原料比較不容易沉澱在下層硬化。

② 確認所有的原料以及分量都正確之後，預先將少量的水倒入一個較大的桶子內。

③ 將所有原料倒入桶中。
※先將比重輕的原料倒入，比較容易混合。

④ 先用手攪拌到某種程度後，再以攪拌機仔細地混拌。不定時用手來確認混合的狀態如何。

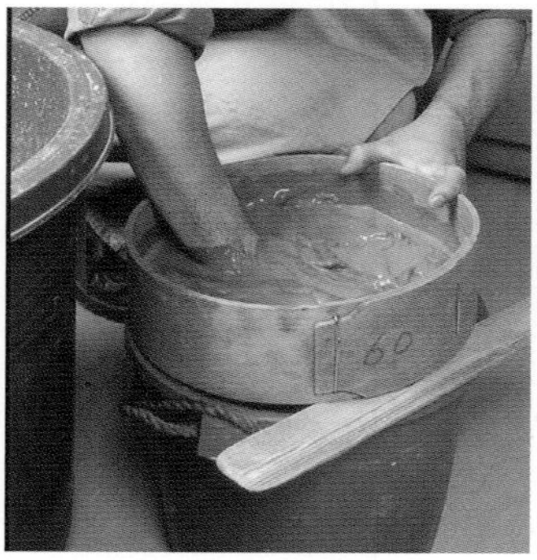

⑤ 當沒有硬塊後，通過60~80目的篩網2次後就完成了。

Chapter 08 燒窯篇

83 素燒前的乾燥步驟千萬不可以做的事

素燒的失敗可以藉由乾燥來防

素燒的失敗最多就是「水蒸氣爆炸」及「龜裂」這兩種。像這樣的失敗原因，很多是發生在乾燥的時候。也就是說，只要恰當的使其乾燥，就能夠減少素燒的失敗。

避免急速乾燥，讓作品整體都能夠均勻地乾燥。此外，也請留意不易產生歪斜的乾燥方法。

當口緣乾燥後，翻至背面減少乾燥不均。

用報紙包起來慢慢地乾燥。

坯體還在半乾的狀態時，若放置於日照良好的場所，有可能只有單側乾燥而產生裂痕。

坯體的口緣或是圈足超出木板的話，會造成歪斜的原因。

坯體半乾的狀態將作品重疊的話，重疊的部分容易發生乾燥較慢，或是產生歪斜的情形。

如果皿板的一部分超出板子的範圍，有可能成為翹曲的原因。

84

素燒時如何確保作品可以安全疊放的重點事項

在作品牢固的位置進行重疊

素燒可以用重疊燒成的方式裝窯，然而胡亂重疊的話，有可能會因為作品本身的重量而造成破損。

重疊的時候，請注意不要讓口緣這類較薄的部分或是脆弱部分承受到重量。

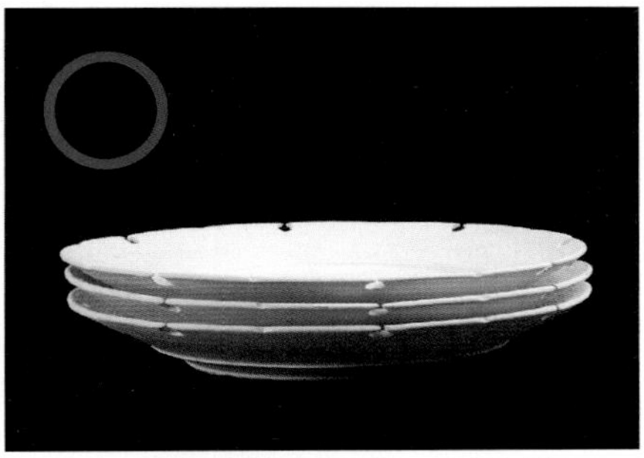

有圈足的部分因為較牢固的關係，不容易破損。

牢固的大缽還可以放入小型器物。但堆放時需要讓熱量能夠循環，隔開一些間隙。

將皿板立起來靠在磚塊或穩定的壺等器物上也可以。不過排列的時候要考量到熱量的循環，將皿板位置彼此錯開。

不具強度的花圈前端如果承受到作品重量的話，容易出現缺口。

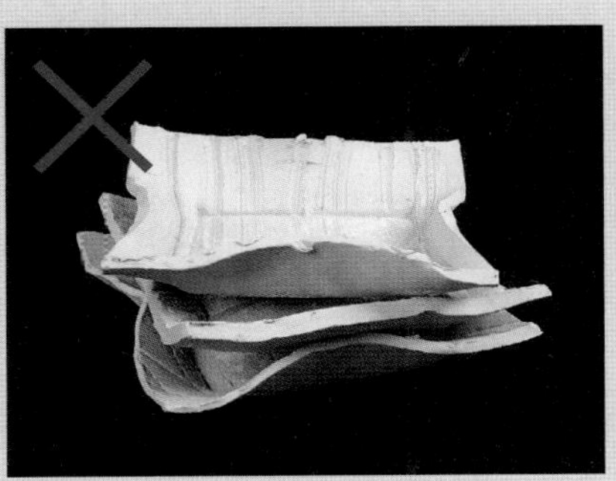

歪斜形狀設計的皿板如果重疊過度的話，會因為加重而容易裂開。

85 素燒的危險溫度區間

溫度與素坯的變化之間的關係

以700~800℃燒成的素燒坯，會在燒成的過程中因為溫度升高而產生化學變化。

即使乍看下已經完全乾燥，但在素坯的中心部位還是有水分殘留的可能性。若無法確定時，可以使用100℃左右的「小火烘烤」來讓水分蒸發。如果在水分殘留的狀態突然升高溫度的話，升溫到300~400℃時就會容易造成龜裂。

此外，因為水蒸氣爆炸而產生的事故，則是容易發生在可以讓結晶水（結晶之間的水分）釋放出來的500℃左右。

素燒的燒成範例圖表

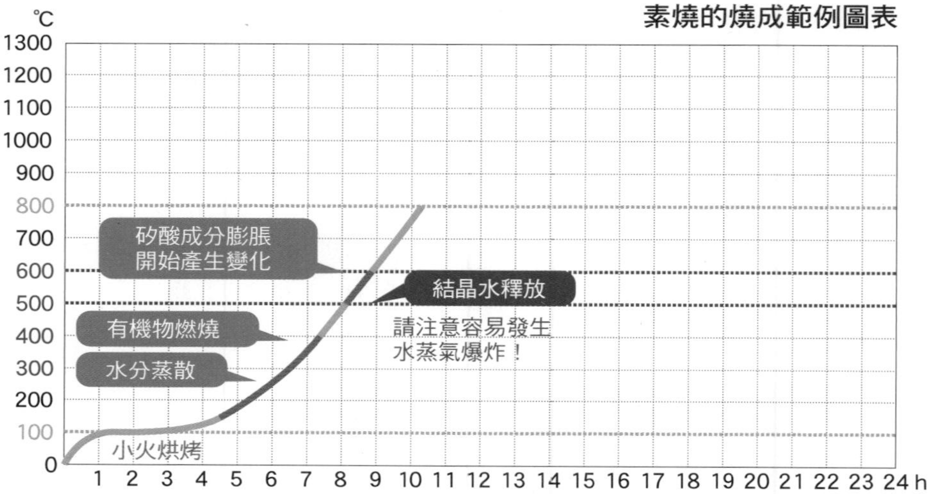

較大作品在裝窯時要保留間隙

由於大盤或大壺這類的大型器物，在素燒的時候容易變得溫度分布不均，所以在圈足背面也要舖設「緊固物」來墊高，確保熱量可以充分循環。疊放時也請以同樣的方式來保留間隙。

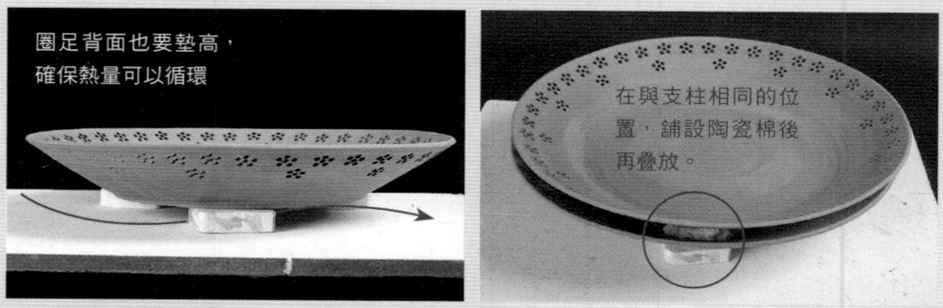

大盤的裝窯。
在圈足的下方舖設較短的支柱墊高。有更多作品要疊放時，請在與圈足底下的支柱相同的位置舖設陶瓷棉後再疊放。如果位置錯開的話，會對脆弱部分形成加重，容易出現裂縫，請多注意。

86 溫度與卡路里的不同，以及測溫錐

陶瓷器是靠卡路里來燒製

一般的陶藝窯，會使用一種稱為「熱電偶」的溫度計，一邊量測爐內的溫度，一邊燒窯。但這個時候的溫度充其量只能用做參考，即便是相同溫度設定，只要條件或使用的窯不一樣，燒成完成時的狀態也都會不一樣。原因是升溫時間及窯的構造之間的不同產生的「卡路里」的落差。基本上，溫度計只能量測出爐內的一部分的溫度，沒有辦法完全掌握爐內整體的溫度。

測溫錐正是用來補足這個缺點的道具。測溫錐的成分類似瓷器，會因為接受到的「卡路里」而變軟傾倒，能夠正確的反映出素坯及釉藥的變化。

測溫錐

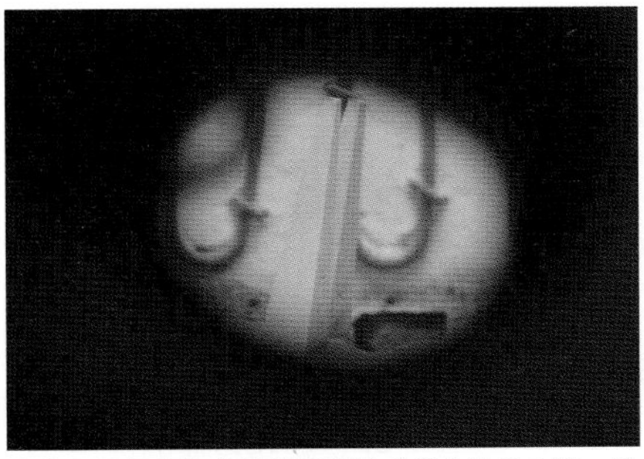

由窺火孔觀察燒成前的測溫錐（前方的是 9 號，後方的是 8 號）。為了要能夠同時看到 2 個測溫錐，所以稍微調整了位置。燒成中要觀察其傾倒的狀態來進行判斷。

溫度計（熱電偶）

因為溫度計只能量測爐內的一部分溫度，所以只有當作參考的功能。

測溫錐的設置

測溫錐要設置於可由窺火孔觀察高度的棚板的最裡處。請務必要預先確認由窺火孔觀察的狀態。
若在測溫錐前方放置作品的話就無法看見測溫錐了，請多加注意。

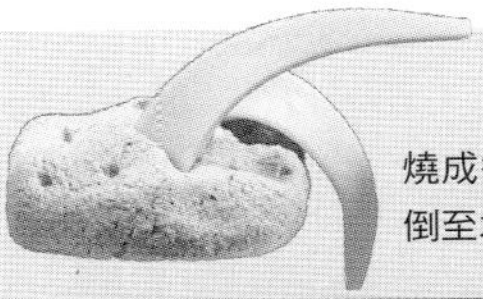

燒成後的測溫錐。9 號傾倒至水平狀態了。

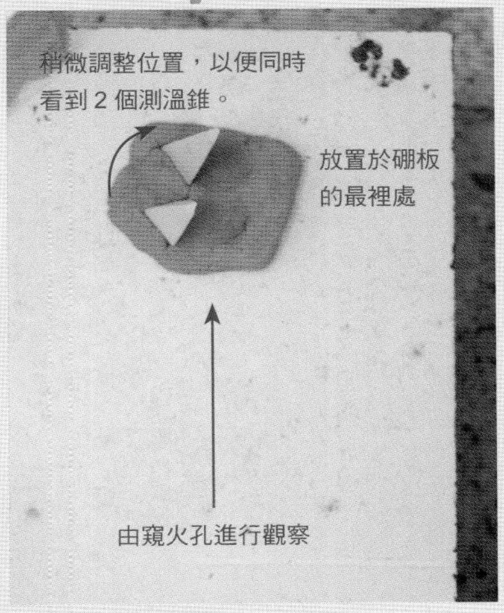
稍微調整位置，以便同時看到 2 個測溫錐。
放置於硼板的最裡處
由窺火孔進行觀察

由窺火孔進行觀察

配置於窺火孔容易看見的位置。如果插了 2 根測溫錐的話，請稍微調整方向，以便觀察。

87 各式各樣的「釉燒」，理解其各自的特徵

素坯與釉藥的玻璃質化

以1200~1300℃進行的燒成稱之為「釉燒」。溫度超過1200℃後，素坯與釉藥會開始玻璃質化，會先出現一次軟化的現象。進一步升溫到1230℃左右後，釉藥會變為麥芽糖狀，待其充分的熔化後關火熄窯。

在爐內含有氧氣的狀態燒成稱為「氧化燒成」；氧氣不足（碳素過多）的狀態燒成稱為「還原燒成」。此外，在冷卻中也保持還原的狀態進行燻燒的方法稱為「碳化燒成」。

燒成所產生的科學變化內容，會依據燒成方法而有所不同，而這也會作為作品的個性呈現出來。

氧化燒成 在爐內含有氧氣的狀態燒成方法。

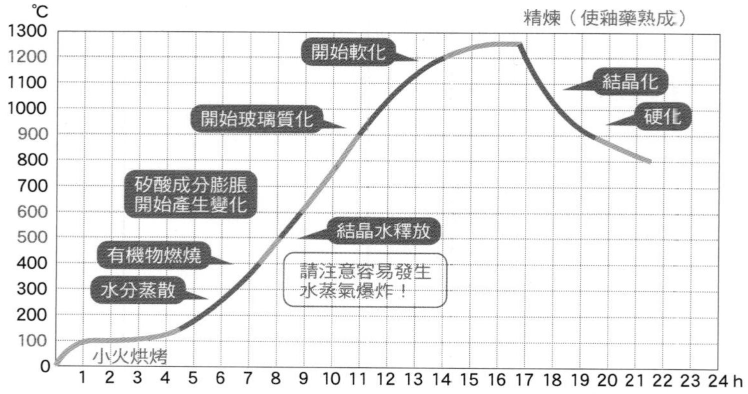

還原燒成 升溫至開始玻璃質化的900 ℃左右，使爐內充滿不完全燃燒的火焰，以還原的狀態進行燒成的方法。

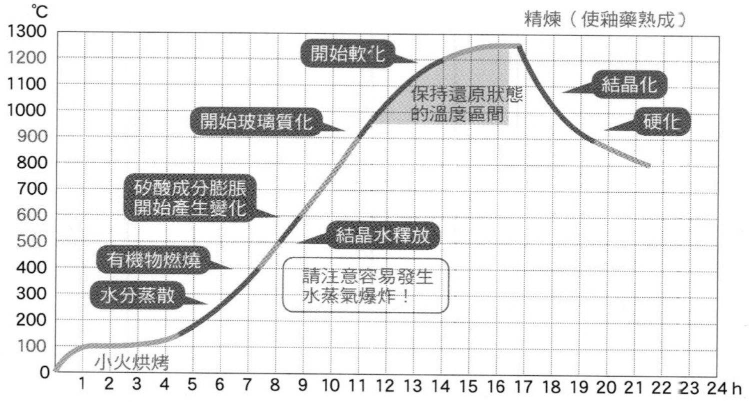

碳化燒成

還原燒成後，保持還原的狀態進行冷卻，使器物表面吸附碳素的燒成方法。同時也稱為「冷卻還原」「還原落」。

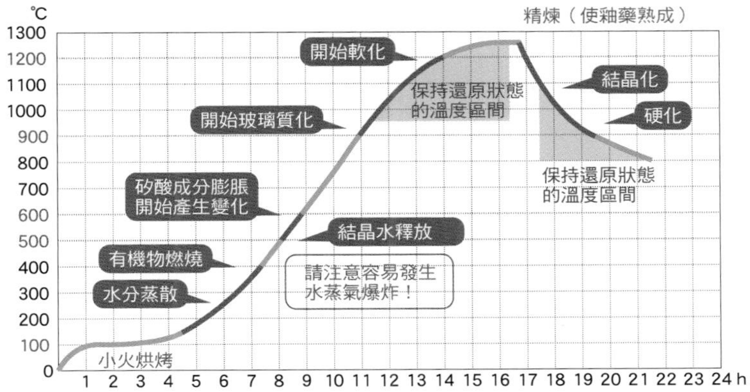

土鍋的燒成

以 1200℃左右的較低溫度進行燒成。由於素坯的素燒程度較弱的關係，直接火烤時即便素坯膨脹，顆粒間產生的「餘隙」也會讓器物不容易裂開。

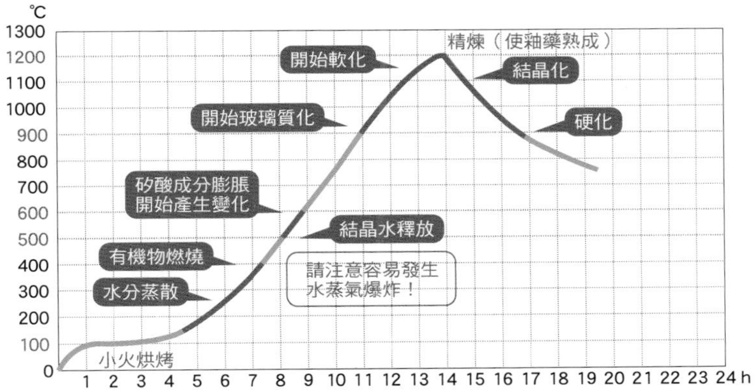

釉上彩的燒成

通常以 800℃前後進行燒成。不過依據顏料不同，需要的溫度各異，對於發色也會造成影響，因此溫度管理務必要請小心。

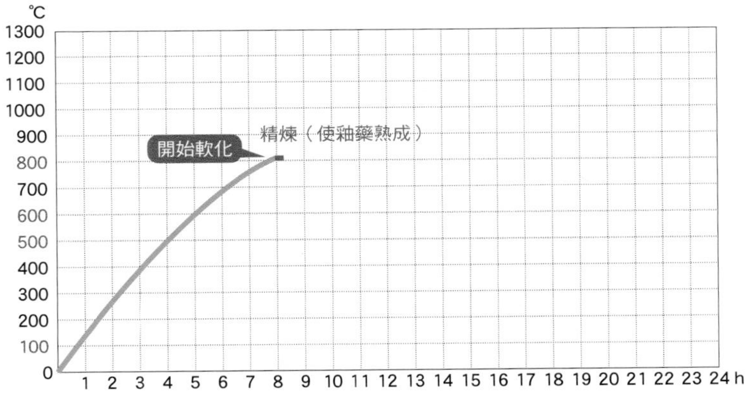

88 釉燒前要先清掃窯內，避免事故發生

裝窯作業是由清潔掃除開始

窯中事故最多的是灰塵或異物附著在作品的「落灰」。裝窯前先清掃窯內，除了可以防範落灰於未然的同時，也可以確認窯的狀態是否良好。窯的清掃作業以吸塵器來進行即可。

此外，清掃窯周圍的環境，以及整理窯工具，都可以讓裝窯作業更有效率，還可以減少失誤。

在燒成中，因為會有釉藥粉末之類的物質浮遊在窯中，累積到最後會造成硼板的污損。請不時在硼板上重塗氧化鋁保養劑，保持外觀的整潔。

窯與窯工具的清掃

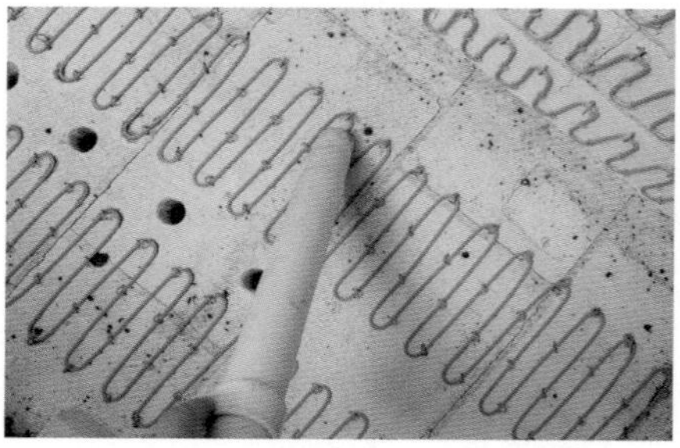

不光是窯內，窺火孔和窯的外側也要用吸塵器打掃乾淨。

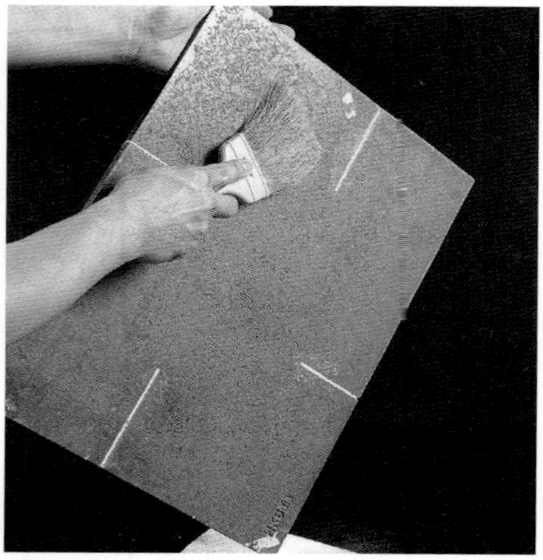

硼板也要預先將灰塵掃落。如果有沾附釉藥，也要預先修補。

支柱上的灰塵
也預先清掃

在硼板塗布氧化鋁保養劑

因為燒成中浮遊的釉藥粉末會熔接在硼板，請定期塗布氧化鋁保養劑。
如果有釉藥垂落沾附在硼板上時，也請預先修補。

※ 關於硼板修補方法的細節請參照第 139 頁

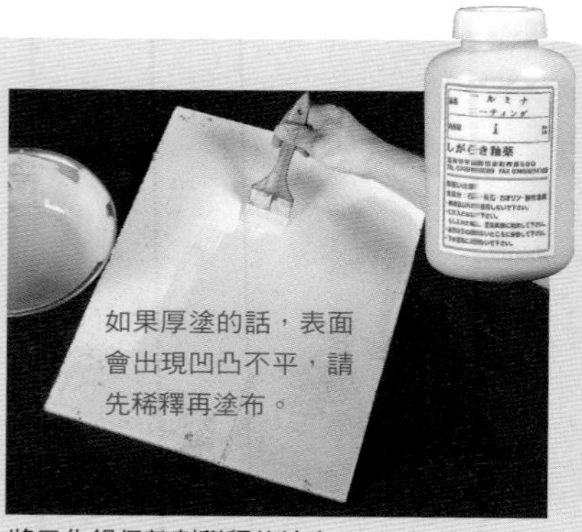

如果厚塗的話，表面會出現凹凸不平，請先稀釋再塗布。

將氧化鋁保養劑稀釋後塗布。

89 決定要以3點支柱組裝，或是以4點支柱組裝

通常是以3點支柱組裝

棚板的組裝方式要配合燒窯的方式以及作品的種類。以電窯的場合來說，基本上是以作業容易的3點支柱來組裝棚板，不過較重的作品或是會超出棚板範圍的較大碟盤，在裝窯時會以4點支柱的方式組裝。

此外，還原燒成及碳化燒成時，為了要讓還原焰容易循環，組裝時棚板之間要稍微隔開一些。

支柱之上下端以及會接觸到棚板的部分，每次裝窯時都要塗布氧化鋁保養劑。這道步驟如果偷工減料的話，就有可能發生支柱熔接在棚板的背面，或是中途脫落而導致作品掉落的危險性，請多加注意。

以3點支柱組裝

通常為了方便裝窯的關係，會在中央的裡側立1點支柱，靠近自己的兩端各立1點支柱。

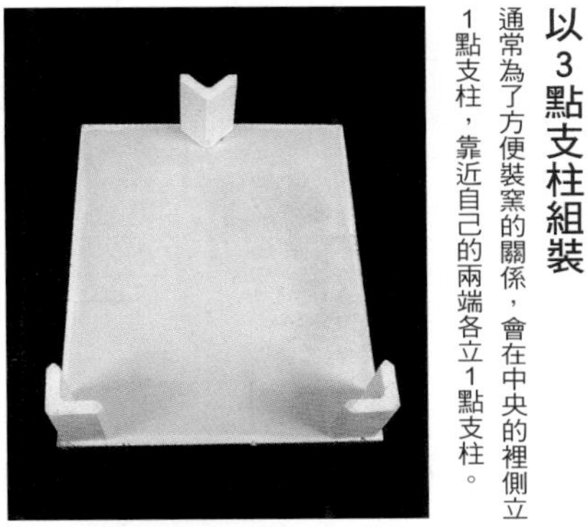

以4點支柱組裝

如果要裝窯的是口緣會超出棚板範圍的大型碟盤的時候，將支柱立於四個角落。

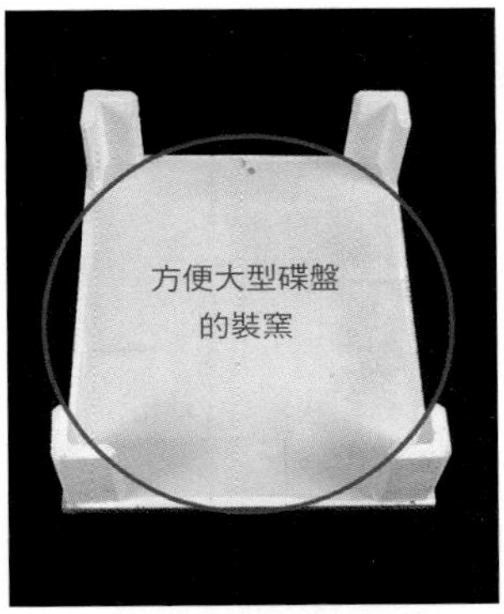
方便大型碟盤
的裝窯

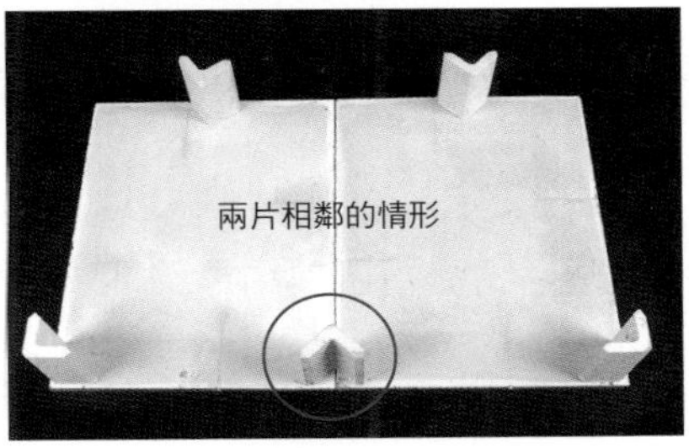
兩片相鄰的情形

棚板的高度相同時，要橫跨兩片相鄰的棚板放置。

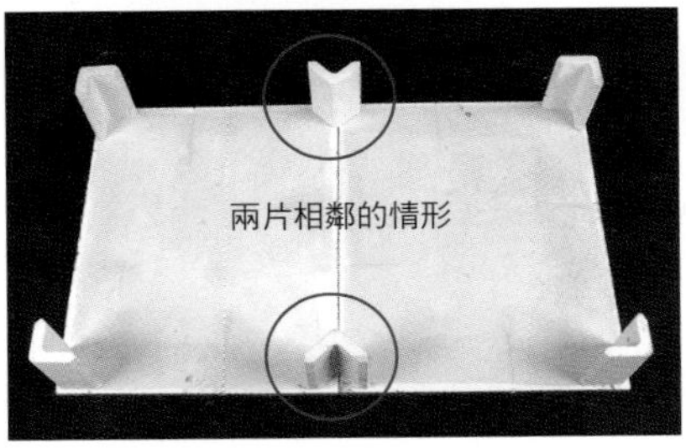
兩片相鄰的情形

支柱要放置於相同位置　如果重量的支撐位置錯位的話，會讓棚板承受負擔，有可能導致棚板出現歪斜，請多加注意。

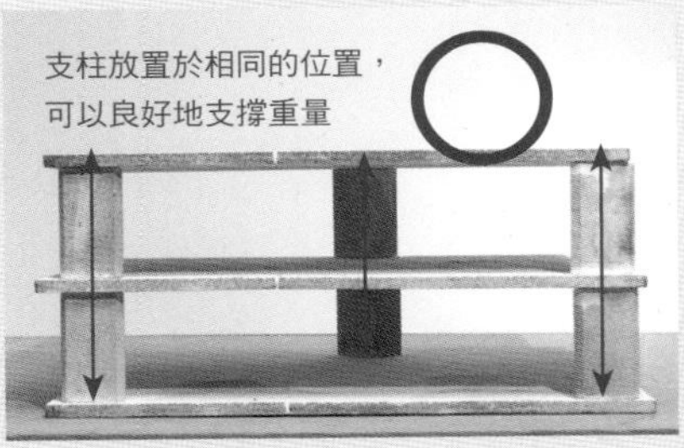
支柱放置於相同的位置，
可以良好地支撐重量

支柱的位置錯位，使得
棚板容易變得歪斜

90 以4點支柱組裝時要加入「墊片」

加入緊固物使其穩定

以3點支柱組裝棚板時，所有的支柱都會支撐到棚板，所以能夠確實地固定。不過以4點支柱組裝時，有時候會有其中1根支柱無法碰觸到棚板，造成固定不確實的狀況。如果照這樣直接組裝好幾層棚板的話，就有可能造成晃動不穩定的原因。所以要在棚板的背面與支柱的上面之間挾著以工具土製作的「墊片」來確保固定。

墊片要預先撒上粉末的氧化鋁保養劑來當作剝離劑。此外，乾燥變硬的工具土就失去緊固物的功能，因此請在使用的前一刻再行製作，並且放入塑膠袋中備用。

挾上墊片

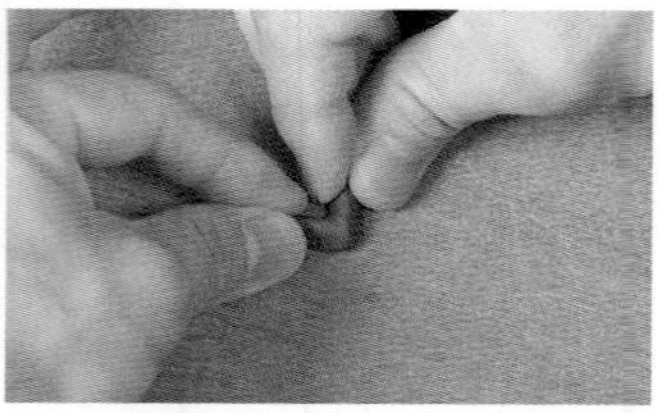

① 以工具土製作直徑約5mm左右的短黏土條，然後折彎成く字形。接著撒上氧化鋁粉，放入塑膠袋中備用。

② 請注意氧化鋁粉不要掉落到作品上，小心的放在各支柱上。

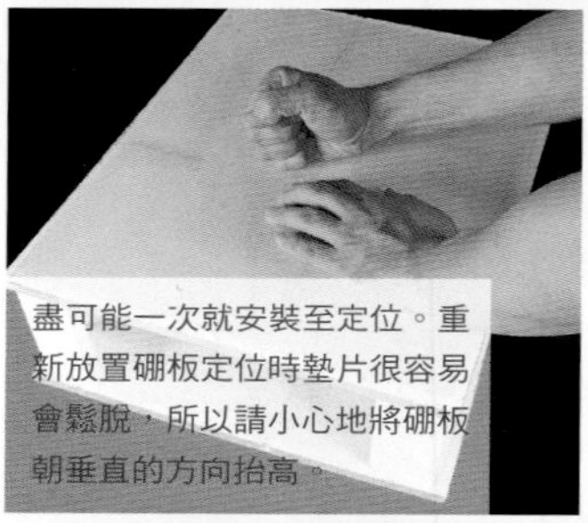

盡可能一次就安裝至定位。重新放置棚板定位時墊片很容易會鬆脫，所以請小心地將棚板朝垂直的方向抬高。

③ 將棚板垂直放下來安裝。輕輕地敲打棚板的中心。

確認各支柱的墊片是否都有被壓扁，棚板是否確實地固定在支柱上。

以4點組裝時，基底要加上土球

以4點支柱組裝時，基底也要同為4點。此外，要以工具土製作的土球當成墊片使用，確實地固定。

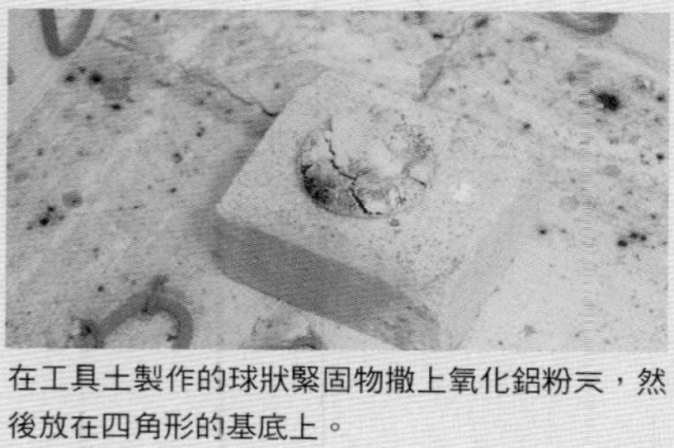

在工具土製作的球狀緊固物撒上氧化鋁粉末，然後放在四角形的基底上。

91 針對具有流動性的釉藥，以及織部釉這類不穩定釉藥的對策

不穩定的釉藥需要養護

像織部釉或土耳其釉這類含銅釉藥的作品附近，如果放置透明釉或是偏白色釉藥的作品時，會因為銅的成分揮發後沾附定著，使顏色變成淡綠色（還原燒成的話，有時會變成紫色）要想避免這個染色發生，看是要控制附近只能放置深色釉藥作品，或是將同樣含銅釉藥的作品集合起來統一燒成。

無論如何附近需要放置透明釉或是偏白色釉藥的作品時，請在兩者之間以支柱排列製作出隔間再裝窯。

此外，容易流動的釉藥，也在底下鋪設以工具土製作的黏土板來保護下面的硼板為佳。

對於容易流動釉藥的對策

底下鋪設工具土製作的黏土板，再放上作品。當釉藥垂落時，只要將工具土打碎就能救回作品。

預先製作一些工具土材質的底座素燒庫存備用，需要時就可以立即使用，更加便利。
※ 底座上需要預先塗布氧化鋁保養劑

對於含銅釉藥的對策

如果要在含銅釉藥作品的旁邊放置淺色釉藥的作品時，請以支柱排列出隔間做出區隔。

在中間排列可以遮住作品大小的支柱，避免發生染色。
※ 顏色較深的釉藥則直接裝窯也沒有問題

硼板的修補

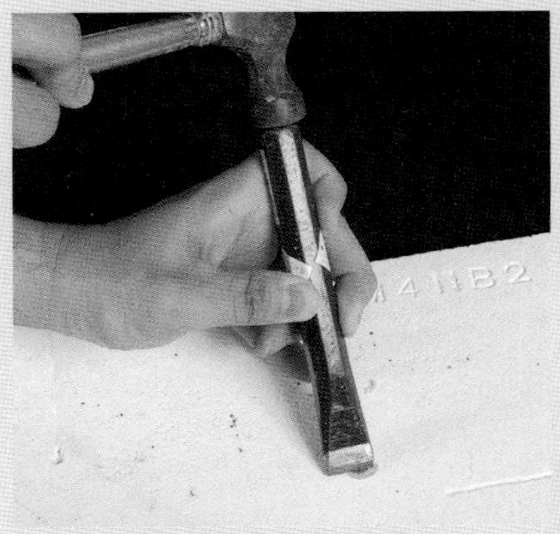

① 鑿子取下附著在硼板上的釉藥。

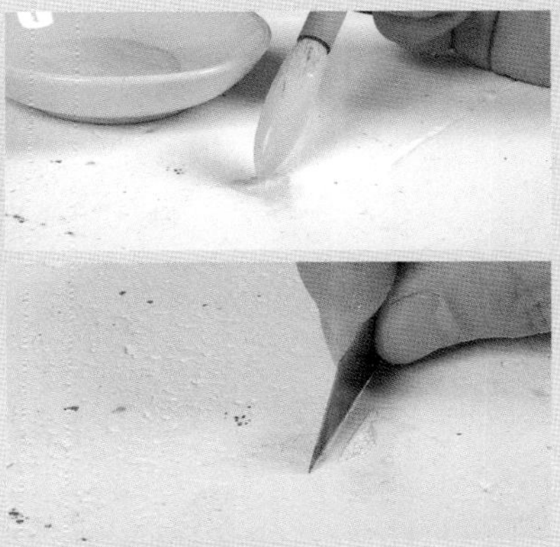

② 出現外表斑駁的時候，可以用較濃的氧化鋁堆高塗布。乾燥後再以美工刀的刀刃等工具刮除多餘的部分整平。

92 以電窯加熱還原燒成的重點事項

讓還原焰充分循環

還原燒成在到達950℃左右的溫度時，會以瓦斯火嘴將火焰送入窯中。這道還原焰會在爐內一邊循環，一邊將素坯及釉藥的氧化化合物進行還原。

還原焰循環不佳的話，就有可能造成顏色不均勻以及顏色黯沉（油煙燻黑）等不良狀況。為了要防止這個情形發生，在還原燒成的時候，必須要考慮到如何讓還原焰容易循環的各種工夫。

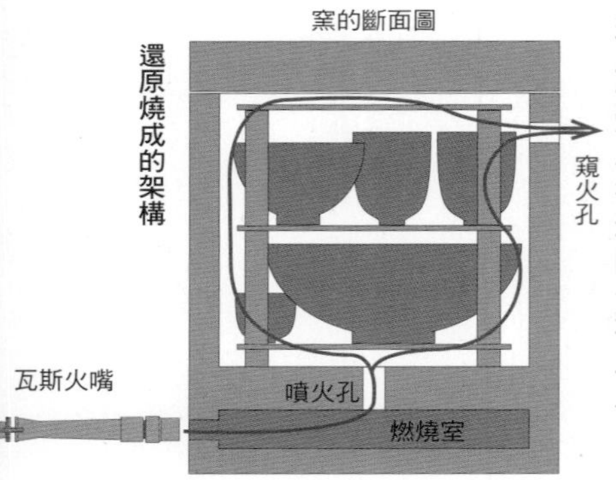

裝窯的重點事項

瓦斯火嘴的火焰會累積在爐床下的燃燒室中，透過爐床的噴火孔，向爐內循環。循環流動的火焰會由側面的窺火孔及上面的噴出孔排出。為了要讓火焰的循環良好，減少還原不均的發生，必須對硼板的組裝方式以及作品的裝窯方式多下點工夫。

基底的組裝方式

為了讓還原焰容易自爐床噴出，基底要架得較高一些。此外，2 塊硼板併排的情形，硼板之間的間隙要稍微分開。

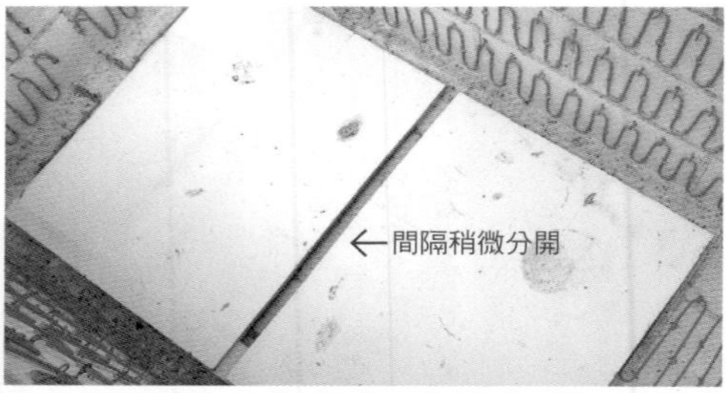

基底的方塊支柱以橫向或直立的方式放置，將基底架高。硼板之間的間隔要稍微分開，讓還原焰更容易循環。

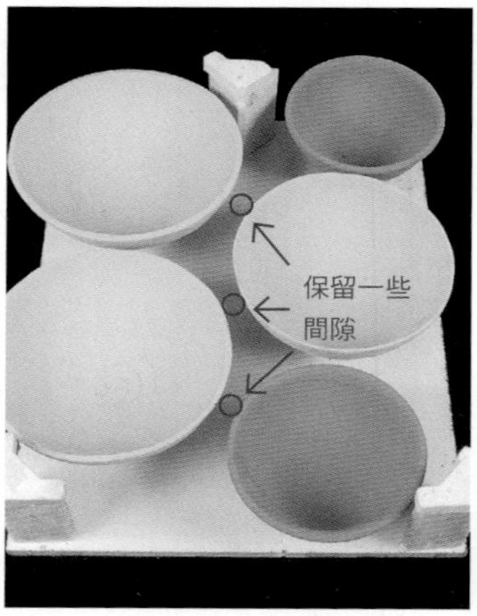

作品的裝窯方式

作品之間也要以稍微保持間隔的方式裝窯。此外，距離上層的硼板最好也要保持一些寬裕的距離。

超出硼板範圍的部分容易形成油煙燻黑，所以裝窯時請盡可能不要讓作品超出硼板的面積。

瓦斯火嘴的調整

送入窯中的火焰火勢，依據爐內的寬廣度而有所不同。通常會以調壓器來調整瓦斯壓力，搭配火嘴的吸氣口來調整空氣量，控制火焰的強度與品質。

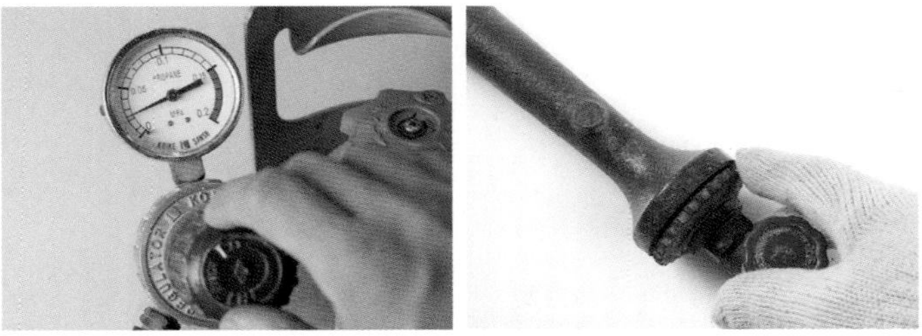

以調壓器調整瓦斯壓力，再透過火嘴吸氣口的旋鈕來調整空氣量。一邊觀察火焰的強度及顏色的狀態，一邊進行調整。

將空氣量調整至火焰前端稍微有點變紅。

還原狀態的確認

藉由觀察火嘴溢出的火焰量及窺火孔排出的火焰狀態，可以判斷出還原的狀態。請將瓦斯壓力及空氣調整至火焰只稍微溢出火嘴孔，窺火孔不會冒煙的程度。

由窺火孔排出的還原焰。如果看到有煙冒出來的話，稍微增加空氣量。

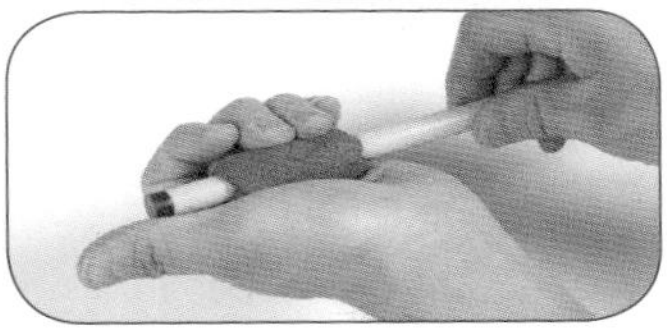

如果窺火孔的尺寸過大的話，還原焰就不容易充滿整個爐內，所以要以工具土來製作轉接管來縮小窺火孔的尺寸。

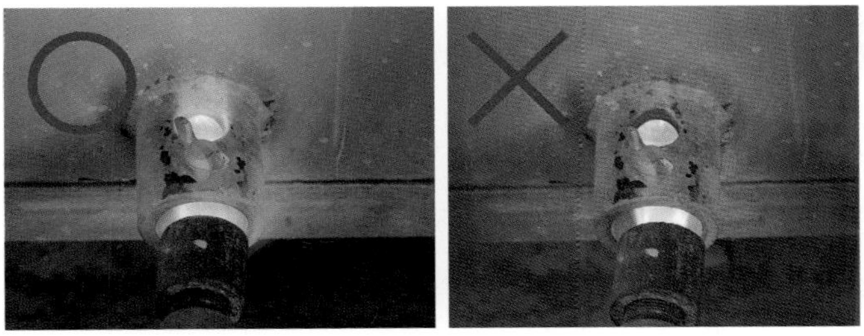

將瓦斯壓力調整至火焰會自火嘴孔溢出的程度。
如果吸入爐內的還原焰過多的話，反而不易充滿整個爐內。當爐內溫度上升後，因為爐內的壓力也會上升的關係，稍微將火焰調弱一些。

燒成結束後，將瓦斯的總開關關閉

瓦斯管內若有瓦斯殘留的話會造成危險，所以要將火嘴的火關掉時，請盡可能將總開關關閉，等待殘火全部燃燒。接下來請務必要將火嘴管路閥也關閉。

盡可能從瓦斯桶的總開關來關閉熄火。

93 大盤要加上支釘再進行燒成

避免燒成垂落

在燒成中的高溫狀態下，素坯會暫時呈現軟化的現象。至於會軟化到什麼程度，會依據黏土的耐火度而有所改變。因為坯體軟化而造成口緣垂落，或是腰部下垂的現象，稱為「燒成垂落」。

圈足寬廣的大盤底面有時候也會因為燒成垂落而呈現出下垂的現象。為了要避免這種現象發生，就必須要裝上支釘燒成。支釘是由工具土製作而成，如果高度弄錯了的話，可能反而會抬高底面，所以請多加注意。

燒成後，支釘的痕跡可以用刻磨機這類的工具磨削整平。

在大盤架上支釘

因為工具土是耐火度較高，而且收縮不易的素材，所以如果製作成與圈足相同高度的話，有可能反而會將底部抬高。

接著時會呈現出三角錐般的形狀

① 以工具土製作出比米粒稍大的黏土塊。在支釘的前端塗上阿拉伯膠，然後接著在圈足的中心。這個時候支釘要製作成前端比圈足稍微更高一些。

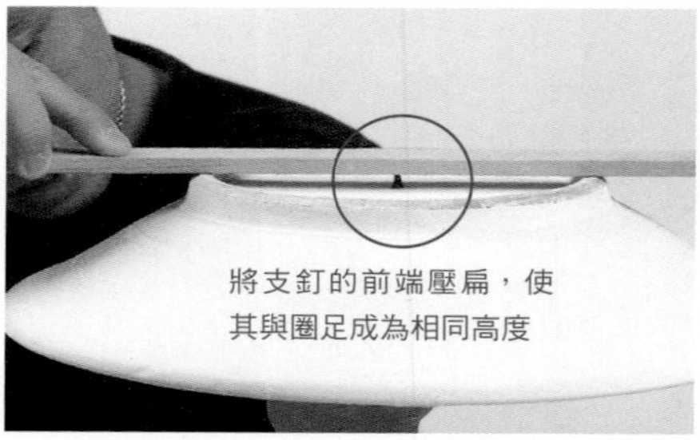
將支釘的前端壓扁，使
其與圈足成為相同高度

② 使用較厚的黏土模板橫跨圈足，將支釘的前端壓扁。

③ 用指尖按壓支釘，使其凹下 1~2mm。

④ 再一次將黏土模板橫跨圈足，確認間隙是否為 1~2mm。

94 將有蓋器物的蓋子分別燒製的方法

讓蓋子燒成漂亮的方法

碗或土鍋這類的蓋子手拿部分（相當於普通器物的圈足）朝下燒成的話，覆蓋在本體時，最上面會變成看起來像是素燒的素坯，不怎麼美觀。

在手拿部分施加釉藥燒成的方法主要有2種方法。第1種是讓口緣朝下覆蓋的燒成方法。口緣雖然成了素燒坯，不過因為覆蓋在本體時看不見所以沒問題。另1種是裝上支釘燒成的方法。雖然會留下痕跡，不過如此一來口緣也可以施加釉藥了。

將蓋子口緣擦拭過後，覆蓋燒成

雖然口緣會變成素燒的狀態，不過手拿部分可以燒得很漂亮。此外，因為是覆蓋的狀態，所以不易出現歪斜。

覆蓋燒成的蓋子。口緣部分會成為素燒坯。

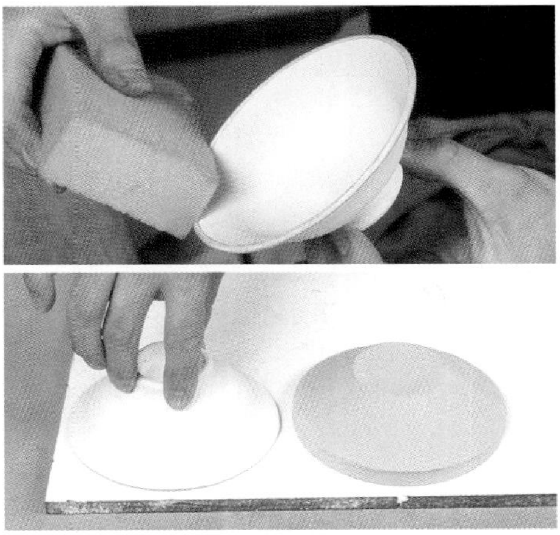

施釉後，以海綿塊將口緣的釉藥擦乾淨。然後覆蓋在乾淨的硼板上。

裝上支釘燒成

雖然會留下痕跡，但可以讓口緣也施加釉藥，最後的完成品比較漂亮。
困難點是燒成時容易形成歪斜。

裝上支釘燒成的蓋子。燒成後會殘留痕跡磨削修補的痕跡。

將工具土製成的支釘接著在3處位置。然後立即放置於硼板上，稍微按壓一下。

95 在匣鉢中重現穴窯風格的自然釉

在匣鉢中引起窯變

匣鉢本來是用來保護作品不被窯中充滿的灰燼與灰塵污染的道具，但也可以活用這個密閉空間，製作出類似小型穴窯般的氣氛來進行燒成。

即使是電窯的氧化燒成，也能夠藉由木炭釋放出來的碳素氣體，製造出如還原燒成或碳化燒成般的燒成氣氛。此外，若添加稻草這類的材料一起燒成，甚至連複雜的窯變也能製造出來。

如果將少量的長石摻入天然灰中混合，也能夠重現自然釉的風格。

匣鉢的準備與加蓋的方法

① 預先在匣鉢中塗上厚厚的氧化鋁保養劑，以免發生熔接現象。除此之外，邊緣也一樣要塗上氧化鋁，避免填料處理用的工具土沾附。

② 裝入作品後，將工具土製作的黏土條包覆在匣鉢的邊緣。

③ 在工具土上塗布氧化鋁保養劑，然後蓋上硼板當作封蓋。

用耐火黏土製作工具土

雖然市面上也有販賣練過土的工具土，不過每次有需要時，再將耐火黏土粉末重新練土使用，這麼一來就不會乾燥後變硬，相當便利。此外，這種方式也比較經濟實惠。

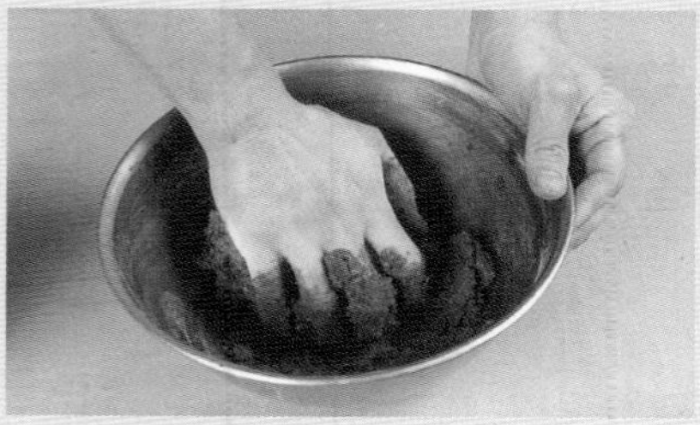

將耐火黏土粉末倒入盆中，然後一點一點加水練土

燒出穴窯風格的花器

素坯以信樂的白土成型，然後進行素燒。接著請以如同穴窯般的落灰自然釉、玻璃釉的外觀為目標。

① 以工具土製作一個比作品大上一圈的底座。

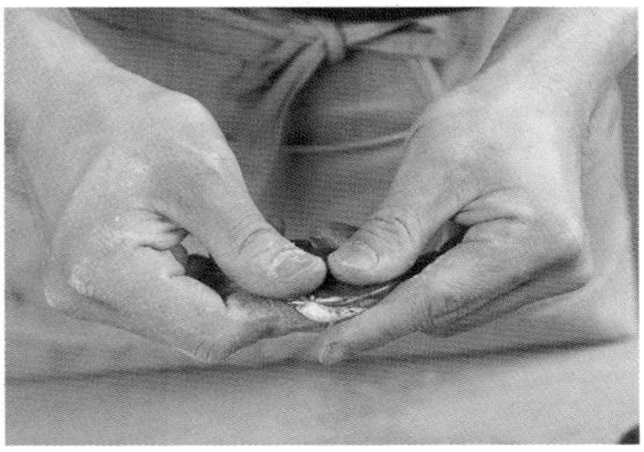

② 將工具土塞入蛤蜊貝殼中填埋。一共要製作6個。

③ 將填埋了工具土的蛤蜊放置於底座，並在周圍撒上破碎的木炭。

④ 然後在其上鋪設切成小截的稻桿，然後在放上作品壓在最上面。

⑤ 混入長石，用刷毛在作品上大量塗抹溶入水中和漿糊的橡木灰。

※可以呈現出釉藥自然流動的氣氛

製作玻璃釉
（天然橡木灰 8：2 長石）

將市售的天然橡木灰與長石稍微混合，會變得較易熔化。將此原料以水或接著劑（CMC）來控制，就能溶製較濃的玻璃釉。

將玻璃釉的材料放進乳缽研磨製作。

96

了解窯的種類與特徵，再選擇適當的窯

依據環境及目的來選擇

現在使用的陶窯種類以燃料來做區別的話，可以分為「電窯」、「煤油窯」、「瓦斯窯」、「柴燒窯」等4種類。

這4種窯分別有各自的優點及缺點，重要的是要選用適合自己的窯。舉凡設置的環境及作品的傾向，製作數量等等，請以這些條件作為評估選用的依據。

操作最簡單的是電窯。設置最簡單的是煤油窯。講究的要使用瓦斯窯。想要享受燒成的醍醐味樂趣則是柴燒窯。請一邊請教前輩、老師及製造廠商的建議來選擇窯的種類吧。

電窯

電窯是藉由讓佈滿爐內的高溫用熱線（加熱器）發熱來提升溫度。規格有100V及200V，請考慮燒窯的頻率來選用。可以進行氧化燒成，也可以進行還原燒成。雖然燒成的成本稍微較高，但特徵是穩定的燒成結果以及簡單的操作，可以輕鬆地享受燒窯的樂趣。

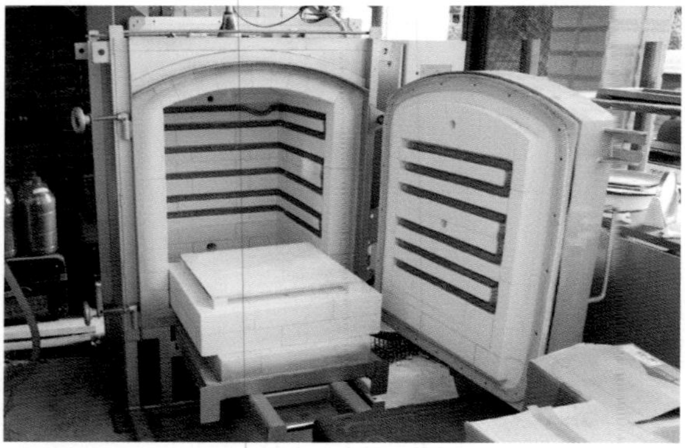

如果覺得電窯故障了…

就算電源無法啟動也先不要慌張，請先確認以下的3點。

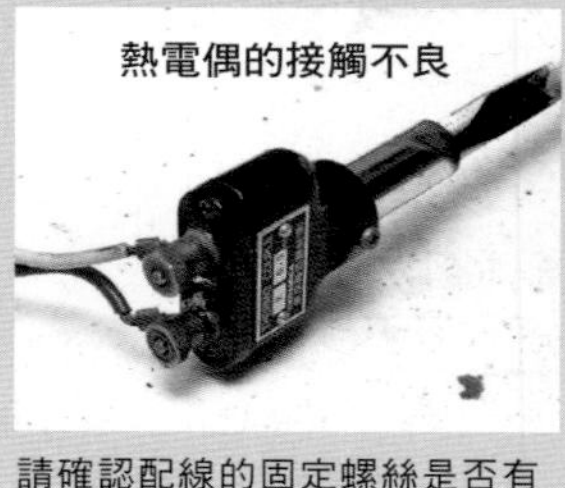

請確認配線的固定螺絲是否有鬆開。

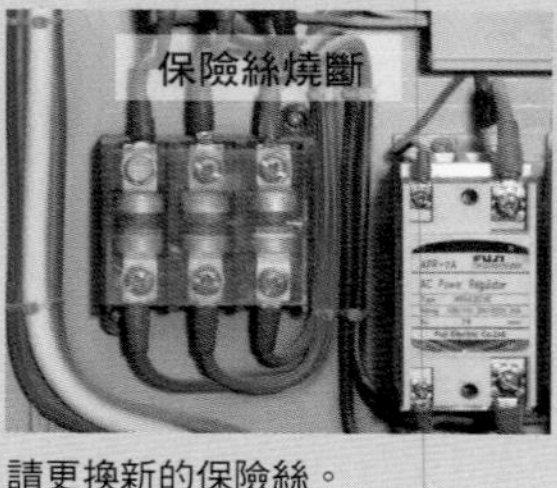

請更換新的保險絲。

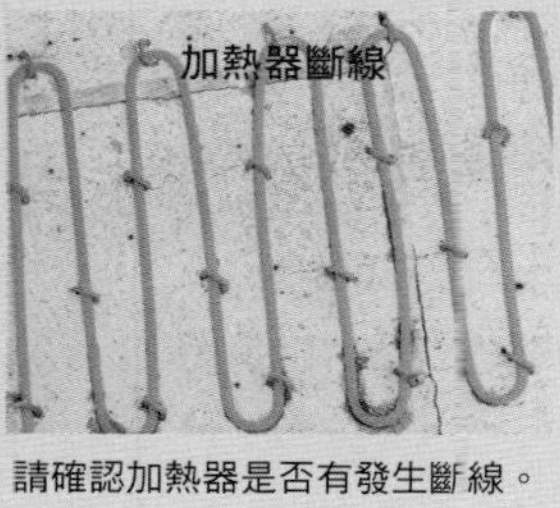

請確認加熱器是否有發生斷線。

煤油窯

煤油窯因為除了煙囪以外，不需要較大的施工，所以是設置最為簡單的窯。燃料費也比較便宜，成本較為經濟。
由於需要以手動的方式一邊調節煤油火嘴的燃油與空氣的比例均衡，一邊提升溫度，所以成燒成中不可移開視線。
依據機種型號的不同，有些可以與柴燒併用，也可以享受柴燒窯風格作品的樂趣。

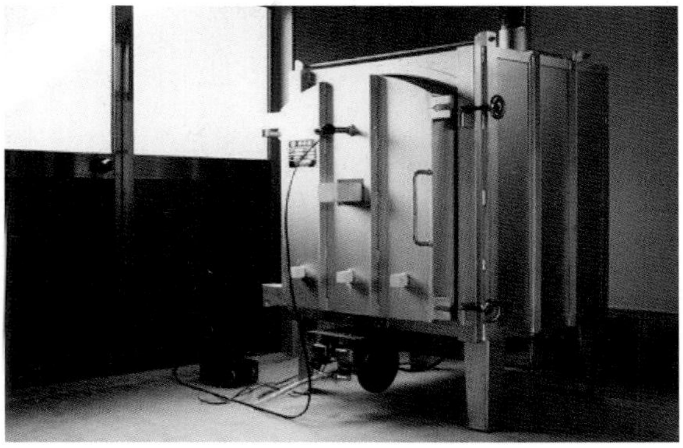

瓦斯窯

瓦斯窯基本上都是使用卡路里較高的 LP 瓦斯（桶裝瓦斯）。瓦斯窯的爐內壓力較高，還原氣氛循環效率佳，因此很適合還原燒成。也是瓷器燒成最適當的窯。不過，窯的設置費用及燃料成本稍微較高，操作也困難，可說是適合進階者的窯。

柴燒窯．木炭窯

柴燒窯有登窯及穴窯這 2 種形式。柴燒費用較高，窯的控制也不簡單，但可以享受到落灰這類獨特的燒成結果的樂趣。
木炭窯是在爐內裝入木炭點火來進行燒成。只要讓木炭的熱卡路里能夠較有效率的循環，甚至可能達到 1300℃以上的高溫。木炭窯屬於興趣的窯，最適合用來享受輕鬆不拘的燒成。

※ 關於柴燒窯的細節請參照第 148 頁

97 「穴窯」與「登窯」的不同處

落灰的穴窯，釉藥的登窯

因為穴窯和登窯都同樣屬於柴燒窯，可能有很多人分不清兩者的差別，實際上這2種窯的發展歷史以及燒成目的都不相同。

穴窯的歷史較古老，其原型可見於日本古墳時代的須惠器的燒成。另一方面，登窯是源自安土桃山時代，朝鮮出兵之際帶回日本的陶工所傳入。

穴窯因為木柴的焚燒室與作品的裝窯室是相同的空間，作品上會有大量的落灰，可以燒出自然釉（玻璃釉）的作品。另一方面，登窯的木柴焚燒室與作品裝窯室為個別獨立的空間，所以不會產生落灰，可以用來燒成有施加釉藥的作品。

正在取出登窯內色調確認的風景。確認釉藥的色調熔化狀態後，再關窯熄火。

穴窯的構造

木柴焚燒室與作品裝窯室為相同的空間，所以作品上會因為落灰而形成自然釉。雖然熱效率不佳，但可以用來燒成出富有變化的作品。

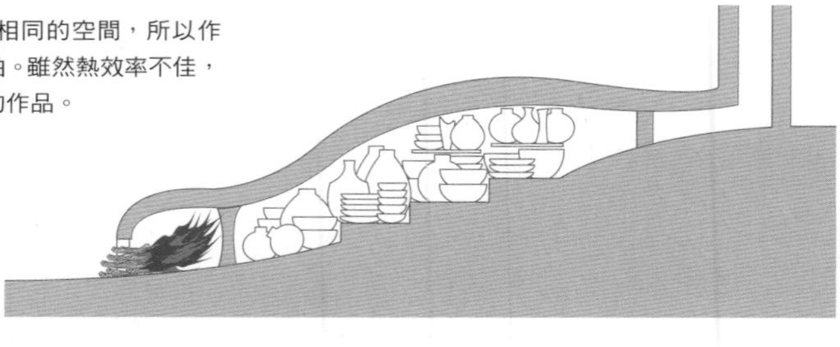

登窯（連房式）的構造

因為木柴焚燒室與作品裝窯室彼此隔開為獨立空間，只有熱量會在窯中循環。每間裝窯室的燒成氣氛都各自不同，可以用來調整燒成完成時的狀態。

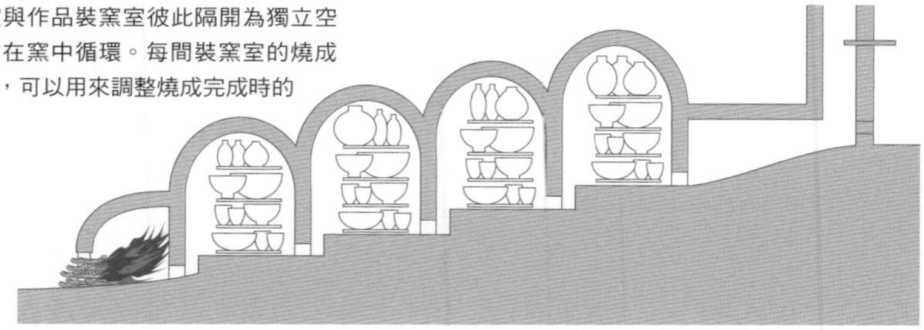

Chapter 使用方法篇 09

98 燒成完成後，以研磨處理作為最後修飾

研磨處理也是作品製作的一環

即使順利燒成完成，製作的工程仍然沒有結束。要將圈足的底部這些沒有施加釉藥部分，以研磨處理來讓表面變得平順。如果這個作業偷工減料的話，除了有可能造成工作桌損傷之外，還有可能造成人員的受傷，請仔細小心地好好處理。

裝上支釘燒成後的作品要除去支釘痕跡。先以鐵鎚大略地敲落後，再使用砥石或刻磨機來做完工前的最後磨削作業。

最後用手指碰觸，只要沒有刺刺的手感就完成了。

將素燒坯的部分處理至平順

以土製品來說，使用 80 目左右的砂紙來做研磨處理。使用砥石研磨也可以。最後用手碰觸，確認表面是否平順。

使用砥石研磨未施釉藥的圈足背面。不光是底面，琢面的邊角這些部位也要研磨使其表面平順。

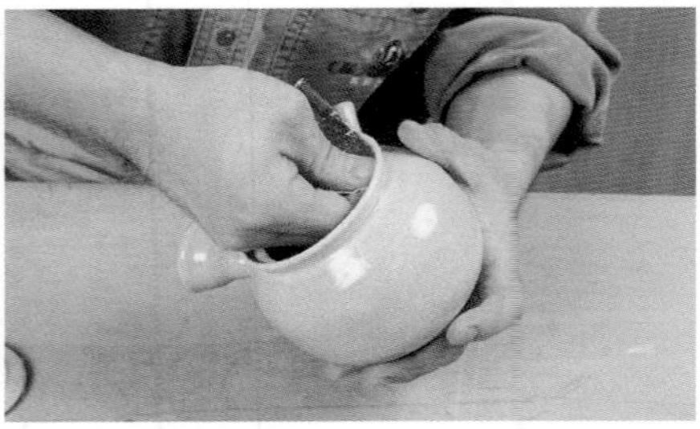

茶壺這類的有蓋器物，未施釉藥的蓋架也要做研磨處理。蓋子那側也一樣，要在未施釉藥的邊緣做研磨處理使其表面平順。

取下支釘

因為支釘是以脆弱的工具土製作而成，以鐵鎚輕輕地敲打就能夠大致上去除支釘。剩下來的工具土再以砥石的邊角或刻磨機來磨削乾淨。

如果有電動刻磨機的話，作業起來方便許多。

剛開始先以鐵鎚輕輕地敲打支釘去除個大概。

剩下來的工具土再以刻磨機磨削乾淨就修飾完成了。最後再用手碰觸進行確認。

99 施作「防水處理」及「除去氧化膜」

補足黏土與釉藥的缺點

有些黏土與釉藥的素燒後防水效果較弱，如果裝水的話，往往造成水會滲出，或是容易沾附污損的狀況。硬要說這是作品風格，也不見得說不過去，但如果在實用會產生困擾的話，還是有必要預先做好防水處理。

此外，織部釉因為釉藥中含有的銅成分的影響會在表面形成氧化皮膜。如果想要將其去除的話，可以使用稀鹽酸或含氯的除菌漂白劑來擦拭即可去除。

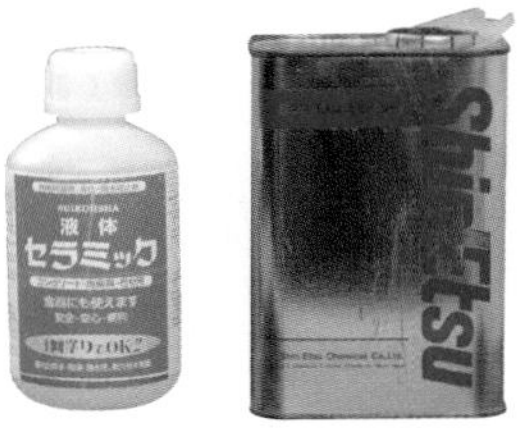

左側為食器用，
右側為一般的防水劑。

施加防水處理

進行防水處理時需要注意的事情是，對於食器要使用食器專用的防水劑。一般的防水劑，含有對人體會產生影響的物質。防水處理的方式可以浸泡在防水劑中，也可以用筆刷塗布。此外，如果是花器的話，可以將防水劑倒入內部，放置一陣子後再倒出。

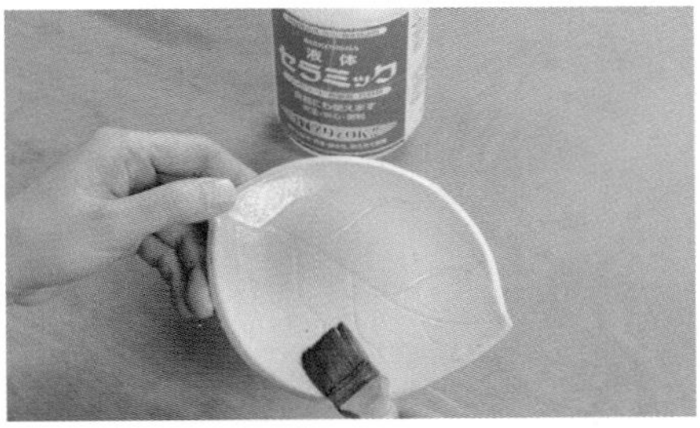

以刷毛塗抹食器專用的防水劑。刷毛要使用預先準備好的專用刷毛。如果有足夠分量的防水劑，也可以將容器直接浸泡在防水劑中。

在花器這類器物的內側做防水處理時，可以將撥水劑倒入內部，放置一陣子後再將其倒出。

去除氧化膜

織部釉因為含有銅的成分約 5~10% 的關係，會在釉的表面形成外觀如毛玻璃般的氧化皮膜。一般去除氧化皮膜的方法是浸泡在稀鹽酸溶液中，但以含氯的除菌漂白劑擦拭也可去除。

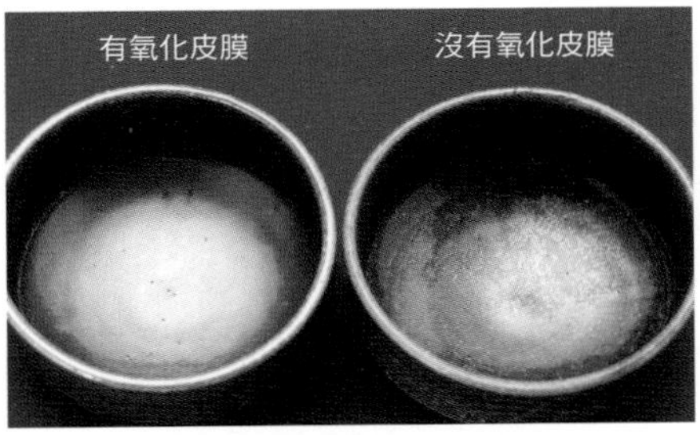

織部釉的作品。左側是具有氧化皮膜的狀態。右側是浸泡在稀鹽酸溶液中去除氧化皮膜後的狀態。光澤與色調的外觀差異截然不同。

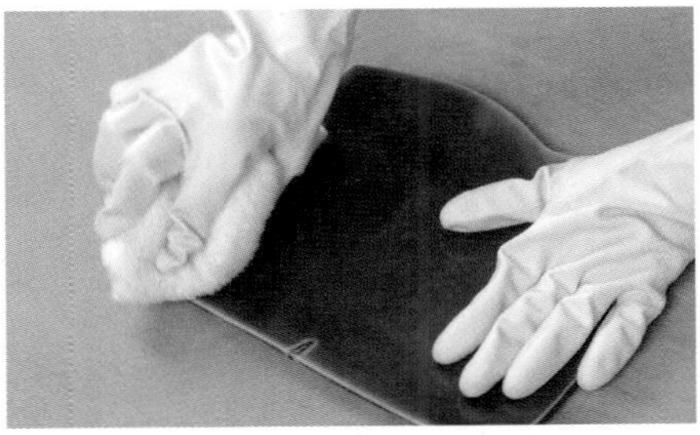

用抹布沾附含氯的除菌漂白劑，仔細擦拭即可去除氧化皮膜。為了安全起見，作業時請配戴口罩及橡膠手套。

100 慎重地使用，培養器物

千變萬化的器物

在日本有所謂「器物需要培養」的說法，擁有欣賞器物外觀變化的習慣。

土製品的器物在長年使用後，會形成污漬導致顏色產生變化，但日本人特有的感性就會去愛惜器物像這樣的變化，並予以相當的重視。

相較於量產品的瓷器與半瓷器食器，容易污損的土製品在使用上有更多需要注意的地方。像是使用前要預先浸泡在水中，清洗過後要充分乾燥等等。也不可以將器物放入自動洗碗機。

然而，像這樣的辛苦操勞是豐富我們生活的習慣之一，與器物一起共存的生活態度也是饒有趣味。

將粉引浸泡在水中

在黏土與釉藥之間有一層化妝土的粉引，構造上容易滲入水分及污損。因此，一開始使用時必須先讓其充分的吸飽水分。長期使用之後，性質會慢慢地愈來愈穩定，最終變得不易滲入。

剛出窯的粉引器物要先浸泡在水中數小時後再使用。

用土鍋煮粥來填補孔隙

土鍋是藉由減少素燒後的收縮，來製作顆粒間的多餘空間，讓直接火烤形成的膨脹不至於破壞結構。因此也是污損及水分容易滲入的素坯。為了避免這樣的情形發生，從以前就會有剛開始使用土鍋時，要先熬煮過濃粥，藉由米的澱粉質來填補孔隙的習慣。

長時間沸騰熬煮白粥，可以讓澱粉質滲入素坯的孔隙當中。

培養後的器物

不管怎麼樣小心謹慎的使用，也會如同照片左側的杯子一樣，會有顏色沾附在開片上。雖然浸泡在食器用的漂白劑中就可以將顏色去除，但將這個狀態視為模樣花紋的一種來培養器物也是一種樂趣。

左側是使用頻率高的杯子。
右側是不怎麼使用的杯子。
左側杯子的開片沾附顏色，看起來就如同模樣花紋一般。

Chapter 10 陶藝用語集

赤繪【赤絵】
以鐵為主成分的紅色無光釉上彩顏料。

窖窯·穴窯【窖窯（穴窯）】
半圓形的筒狀薪柴窯。由於燃料的飛灰會直接進入爐內的關係，會出現飛灰熔化成為玻璃狀自然釉的窯變現象。主要用來燒成素燒陶器。

礬土【アルミナ】
以氧化鋁為主成分。耐火度高，可以當作釉燒時的剝離劑使用。

印章（印花）【印判（印花）】
成型時拿來裝飾用的印章。

法華彩（一陳彩）【イッチン描き】
一陳指的是滴管等用來擠壓推出漿料的工具。可以用滴管將較濃的化妝土擠壓推出後描繪較細的立體線條。

釉上彩【上絵付け】
釉燒後在釉藥之上施彩的技法。特徵是因為以低溫燒成的關係，顏料的發色較佳。

高嶺土【カオリン】
化妝土及釉藥的原料，以礬土為主成分的白色礦物。

分隔施釉【掛け分け】
將2種類以上的釉藥以不重疊的方式施釉的裝飾技法。

剔花【掻き落とし】
先在器物全面或部分施加化妝土，再將其剔除削落，呈現出線條或面塊模樣的裝飾技法。

重疊施釉【重ね掛け】
將2種類以上的釉藥以重疊的方式施釉的裝飾技法。

壓模成型【型づくり】
將泥板按壓進由石膏等材質製成的模具，或是倒入泥狀黏土的注漿成型方法。

龜板【カメ板】
用來放置作品的木板。因為轆轤成形使用的木板外形為八角形而得名。

還原燒成【還元焼成】
在爐內氣氛含碳量高的狀態下進行的釉燒。

開片（貫入）【貫入】
本燒冷卻時，胎土與釉藥的收縮差異產生的裂紋。

素坯【素地】
黏土狀態或是素燒狀態的作品。

金彩、銀彩【金銀彩】
釉燒後，在釉藥上以低溫（820℃前後）燒製的裝飾。分別有箔狀、粉狀、液狀的形態。

刷塗化妝【化妝掛け】
在半乾燥的土坯刷塗化妝土的裝飾技法。依照施塗的方式，可以呈現出各種不同的模樣。

粉引【粉引き】
將整個器物都刷塗白化妝的裝飾技法。由於透明釉滲入白化妝土中，燒成後便會呈現粉狀外觀，因此得名。

青花【呉須】
以氧化鈷為主成分的藍色釉下彩顏料。主要使用於青花瓷。

弧形板【コテ】
用來整理作品外形、撫平表面的木板。

彩瓷【彩磁】
將液體顏料滲入土坯使其發色的釉下彩技法。這是近代發展出來的技法，特徵是帶有獨特的輕淡色彩。

匣鉢【サヤ鉢】
在薪柴窯中，為了避免燃料飛灰落至作品使用的容器。也可以將木炭與作品一起塞入匣鉢中，使其炭化。

氧化燒成【酸化焼成】
以爐內富含氧氣的狀態進行釉燒。

瓷器【磁器】
以瓷土製作而成的瓷器。瓷土的含鐵分很少，質地極為細緻。而且因為成分類似玻璃的關係，所以具有透光性。

秋釉【自然釉】
在薪柴窯中，落至作品表面堆積的燃料飛灰與素坯中的矽酸分反應後轉化成為釉藥。亦稱為「灰蓋（灰かぶり）」。

釉下彩【下絵付け】
素燒後，在施釉前描繪的圖樣總稱。有「鐵繪」或「青花瓷」等許多不同種類，依照顏料的不同，濃淡的調整及描繪法也都有所差異。

修坯底座【シッタ】
主要是用於轆轤切削修坯時的底座。可以配合作品自行製作。生坯或素燒素坯的狀態皆可。

白化妝【白化粧】
以高嶺土為主成分的泥狀黏土。在半乾燥時作為裝飾使用。

泥釉陶【スリップウエア】
主要是一種發展於歐洲的化妝土裝飾技法。趁化妝土尚未乾燥之前，以別的化妝土重疊塗抹呈現出模樣。

素燒【素焼き】
為了讓釉彩和施釉方便，先以約８００℃進行假燒的步驟。

鑲嵌【象嵌】
雕刻圖形或模樣，或是用印章按壓使器物凹陷，再填埋別的黏土進行裝飾的技法。

青花瓷【染付】
以「青花（呉須）」描繪的釉彩。大多施於瓷器，特徵是能夠呈現出青色的濃淡，畫風纖細。

胎土【胎土】
指的是經過釉燒後的素坯。大多作為同樣經過本燒後的釉藥的對稱使用。

土板成型【タタラづくり】
板狀的黏土稱為「土板（タタラ）」。此為將土板折彎或組合起來的成形方法。

土球成型【玉づくり】
由黏土塊捏取需要的黏土大小來製作的成型方法。適合用來製作小型器物或數個相同大小的器物。

碳化燒成【炭化焼成】
讓碳素附著固定於器物表面的燒成方法。冷卻時整座窯內會呈現還原的狀態，將木炭與作品一起塞進匣鉢內燒成的方法。亦稱為「冷卻還原」「還原落（還元落とし）」。

黃楊木刮板【ツゲベラ】
用於細節部位的加工，或是撫平表面使用，以堅硬的木材製作而成的刮板。也有很多是以黃楊木以外的木材製作的產品。

鐵繪【鉄絵】
傳統的裝飾技法，因為是以鐵分為主成分的弁柄進行描繪，所以被稱為鐵繪。

手捏成形【手びねり】
不使用轆轤的成型方法。這是包含「土球成型」「土條成型」「土板成型」等成形方法在內的總稱。

陶器【陶器】
以黏土製作而成的燒製器物。相對於瓷器稱為「石製品（石もの）」，陶器又被稱為「土製品（土もの）」。

工具土【道具土】
主要是裝窯時，作為工具使用的黏土。有「童仙傍」等不同種類的黏土。每一種都是耐火度高，不易收縮的黏土。

飛鉋【飛びカンナ】
先使化妝土呈現半乾燥狀態，再讓專用的鉋刀在旋轉的器物上彈跳切削出模樣的裝飾技法。

共土【共土】
指的是使用相同的黏土。

な

鞣皮革【なめし皮】
用來加工口緣或器物表面使其變得平滑，或將其收緊時使用。

乳鉢【乳鉢】
用來搖晃容易沉澱形成結塊的顏料或是釉藥的工具。

層疊法【練り込み】
將數種不同黏土層疊或揉合在一起，呈現出模樣的裝飾技法。

黏土【黏土】
以陶藝的用途會使用容易塑形，本燒後可以燒固的黏土。不同的產地具備不同的特徵，也有製造商自創的黏土，市面上販售的黏土種類多到數不清。

登窯【登り窯】
通常會將堆放作品的房間和燃燒薪柴的房間兩者分開的窯稱為薪柴窯。熱能在每個房間都能夠易於循環的構造。由於燃料飛灰不容易落在作品上面，適合施釉陶器（表面塗有釉藥的陶器）的燒成使用。

は

撥水劑【撥水剤】
為了避免釉藥附著，預先塗抹在器物上的液體。

刷痕【刷毛目】
以稻桿等材料製作而成的粗糙刷筆，沾滿化妝土後進行描繪的裝飾技法。

緋紅色【緋色】
依照燒成方式不同，素坯中的鐵分滲出至釉藥上層，發色為橙~紅色的現象。此外也指素燒的作品因為爐內的鹼分與素坯中的鐵分反應後發色的現象。

柄杓【柄杓】
用來澆淋釉藥的工具。

緋襷【緋ダスキ】
備前燒具代表性的窯變之一。包覆在素坯上的稻草釋放出來的鹼性成分，與素坯中的鐵分反應後發色為茶紅色的現象。

土條成型【ひもづくり】
將黏土條彼此層疊的成型方法。可以製作小型的器物，也可以製作出大型的立體美術品。

鋼絲刀【平線カキベラ】
用來切削表面或圈足的工具。依照切削的位置會使用不同形狀的工具。

噴墨【吹墨】
將顏料以毛筆沾附後，以吹氣的方式使顏料噴出，或是擦抹在網格上，使顏料以霧狀的狀態定著在器物上的裝飾手法。

篩網【ふるい】
施釉之前，先要過濾釉藥時使用的工具。不同的釉藥有不同的適用網目。

氧化鐵【ベンガラ】
以鐵繪為主成分的原料。作為釉藥原料及鐵繪的顏料使用。

打孔器【ポンス】
用來穿鑿圓孔的工具。有各種不同直徑的產品。

釉燒【本焼き】
讓素坯與釉藥產生玻璃化的最後修飾燒成。燒成的溫度為1220~1280℃。依照不同的燒成方法，作品的氣氛也會有所改變。

大理石紋【マーブル】
趁著化妝土尚柔軟的時候，淋上其他化妝土，然後馬上搖晃，使其呈現出大理石紋路模樣的裝飾技法。

內底【見込み】
指的是器物內側的底面。

三島手【三島手】
以線條模樣的組合，壓印蓋上各種不同形狀的圖樣，然後再填埋化妝土的傳統裝飾技法。

支釘【目立て】
背面也想要施釉的時候，以工具土將器物騰空架高的燒成方式。有時圈足較大的器皿也會使用支釘來支撐，避免底面下垂。

琢面【面取り】
將製作成圓形的器物，以拍板拍打，或是用線切弓切成多面體的裝飾技法。

素燒【焼締め】
不施釉藥直接進行釉燒的陶器。如備前燒等使用這種方法燒成的作品總稱為「素燒陶」。

釉彩【釉彩】
使用色釉描繪模樣及圖形裝飾的技法。

釉藥【釉薬】
施於器物表面的玻璃質覆膜處理。使用長石及植物灰等材料調合而成。近年除了傳統上常用的釉藥之外，也有各式各樣的結晶釉及色彩豐富的釉藥等新釉藥在市面上販售。

西洋畫顏料【洋絵具】
主要指的是發展於歐洲，使用於西洋瓷器彩繪的釉上彩顏料。受到油畫等傳統描繪方法的影響，大多是溶於油性媒介劑中再塗抹在器物上。

窯變【窯変】
指所有因為燒成而引起的變化。大多是由燃料飛灰及燒成氣氛所引起。

樂燒【楽焼】
日本安土桃山時代，由樂家初代長次郎所發明的燒成方法。在加熱至900℃左右的窯中，放入塗上低溫釉的器物，觀察釉藥熔化的狀態，決定何時將器物拉出窯外。

光瓷【ラスター彩】
本燒後、塗上薄薄一層金屬液體，再低溫燒成金屬光澤發色的裝飾技法。

浮雕【レリーフ】
將黏土堆高後雕塑成立體的模樣。

水蠟隔離【ロウ抜き】
以撥水劑在基底層的釉藥描繪模樣，然後重疊上釉，使模樣浮出表面的裝飾技法。

日本畫顏料【和絵の具】
日本傳統使用具有玻璃質層的釉上彩顏料。又被稱為「玉藥」。

和紙染【和紙染め】
將顏料渲染至和紙，再轉寫到素坯上的裝飾技法。以和紙特有的模樣為特徵。

樂燒的茶碗

陶藝材料店一覽

伊勢久 株式會社
愛知縣名古屋市中區丸之內 3-4-15
TEL 052-961-5681 FAX 052-971-5153
http://www.isekyu.com/

造 How.com
營運公司：新日本造形 株式會社
東京都中野區新井 1-42-8
TEL 0120-260246 FAX 0120-305241
http://www.zowhow.com/

SHINRYU 株式會社
埼玉縣朝霞市上內間木 514-2
TEL 048-456-2123 FAX 048-456-2900
http://www.shinryu.co.jp/

株式會社 精土
滋賀縣甲賀市信樂町江田 941-1
TEL 0748-82-1177 FAX 0748-82-0762
http://e-nendo.com/

九谷・谷口製土所
石川縣小松市若杉町ワ 124
TEL 0761 -22-5977
http://www.taniguchi-seido.com/

陶藝 Shop.Com
營運公司：株式會社 竹昇精工
愛知縣蒲郡市豊岡町前野 47-2
TEL 0533-69-4668 FAX 0533-67-1671
http://www.tougeishop.com/

日本電產 Shimpo 株式會社
客戶服務中心
京都府長岡市神足寺田 1
TEL 0120-017-696 FAX 075-958-1297
http://www.nidec-shimpotougei.jp/

日本陶料 株式會社
京都府京都市山科區川田清水燒團地町 2-3
TEL 075-591-9501 FAX 075-591-7354
http://www.eonet.ne.jp/~nihontouryou/

有限會社 渕野陶瓷器原料
佐賀縣嬉野市塩田町大字五町田乙 287-1
TEL 0954-66-4207 FAX 0954-66-3747
http://www.fromform.jp/

丸石窯業原料 株式會社
愛知縣瀬戸市東安戶町 16
TEL 0561-82-2416 FAX 0561-82-0326
http//ww.rakuten.ne.jp/gold/maruishi-nendo/

作者個人資料

野田耕一 Noda Kohichi

1968 年　生於廣島縣安藝郡府中町
1993 年　東京藝術大學美術研究科碩士課程陶藝專攻結業
　　　　一邊在鎌倉的料亭製作器皿，並於個展等場合發表作品
1998 年　在橫須賀市秋谷築窯，獨立
1999 年　參與世田谷區「祖師谷陶房」開設。並將工房轉移至該陶房
2000 年　開始編輯作家、攝影師、設計者的工作
2013 年　以「野田耕一編輯設計工房」的名義，正式開始編輯企劃的業務
現任　　祖師谷陶房常任講師
　　　　東京純心女子大學非常任講師
　　　　日本 GraphicDesigner 協會會員
　　　　野田耕一編輯設計工房 代表

< 主要陶藝個展 >
日本橋三越 / 京王百貨店 / 玉川高島屋 / たち吉 / 工藝いま / 梅が丘アートセンター / ギャラリーかわむら / ギャラリー工等等。

< 著作 >
《釉薬と施釉がわかる本　基本編．実践編》
《絵付けと装飾がわかる本　基本編．実践編》
《電動轆轤とことんマスター》
《はじめての楽焼》
《はじめての窯選び》
《混ぜて覚える釉薬づくり》
《陶芸教室が教える作陶のコツ》
《化妝と施釉の大原則》
《絵付けアイデア帖》
《釉薬手づくり帖》　※中文版《釉藥手作帖》（北星圖書事業股份有限公司出版）
以上由誠文堂新光社刊行

製作　　野田耕一編輯設計工房

資料提供　陶藝教室・祖師谷陶房
http://www.soshigayatohboh.co.jp/

國家圖書館出版品預行編目（CIP）資料

陶藝實踐100個關鍵重點：不可不知道製作陶器的基礎知識 / 野田耕一著；楊哲群譯. -- 新北市：北星圖書, 2020.04
面；　公分

ISBN 978-957-9559-09-6（平裝）

1.陶瓷工藝　2.釉

464.1　　108001278

陶藝實踐 100 個關鍵重點

不可不知道製作陶器的基礎知識

作　者	野田耕一
翻　譯	楊哲群
發 行 人	陳偉祥
出　版	北星圖書事業股份有限公司
地　址	234 新北市永和區中正路 458 號 B1
電　話	886-2-29229000
傳　真	886-2-29229041
網　址	www.nsbooks.com.tw
E-MAIL	nsbook@nsbooks.com.tw
劃撥帳戶	北星文化事業有限公司
劃撥帳號	50042987
製版印刷	皇甫彩藝印刷股份有限公司
出 版 日	2020 年 4 月
ISBN	978-957-9559-09-6
定　價	500 元